ease

U0229102

慢得刚刚好的生活与阅读

越住越舒服的家

来自日本的理想家居设计

（日）西久保毅人　日本微笑设计室　著

叶酱　译

化学工业出版社

·北京·

图书在版编目（CIP）数据

越住越舒服的家：来自日本的理想家居设计 /（日）西久保毅人，日本微笑设计室著；叶酱译．—北京：化学工业出版社，2020.9（2024.1 重印）
ISBN 978-7-122-37471-4

Ⅰ．①越… Ⅱ．①西… ②日… ③叶… Ⅲ．①住宅 - 室内装饰设计 - 案例 - 日本 Ⅳ．① TU241

中国版本图书馆 CIP 数据核字（2020）第 139650 号

责任编辑：王丽丽　张　曼　　装帧设计：梁　潇
责任校对：宋　玮

出版发行：化学工业出版社（北京市东城区青年湖南街13号　邮政编码 100011）
印　　装：广东省博罗县园洲勤达印务有限公司
710mm × 1000mm　1/16　印张 18½　字数 300千字　2024年1月北京第1版第2次印刷

购书咨询：010-64518888　　售后服务：010-64518899
网　　址：http://www.cip.com.cn
凡购买本书，如有缺损质量问题，本社销售中心负责调换。

定　价：108.00元　

序

充满疑问的家

角田光代

临近年末寒冷的一天，我和丈夫还有猫，搬进了西久保先生设计的房子里。猫对于新的场所和搬家的骚动感到害怕，躲在浴缸一角蜷缩着身体瑟瑟发抖。高密封性的公寓和独栋房子的冷暖差异很大，丈夫在搬家后两天方能入睡。种种事情包括房屋工程还未全部完成，窗帘也没装，玄关贴着保护作用的塑料薄膜，就这样迎来了新年。

恐怕正是因为如此，我总有种家还未完成的错觉。这份“未完成感”对来我说，着实不可思议：感觉总有一天会完成，一直为完成而努力，然而却只是无限接近完成的未完成；也感觉可能不会完成，又或许根本不知道完成究竟为何物。

这听起来很矛盾！从搬完家那夜开始，不对，实际上是从交付那天起，毫无疑问这就是我们的家了，尽管很确信，但仍旧有种奇妙的感觉。

到目前为止，我们搬过许多次家，但全都是公寓。虽然一开始觉得公寓枯燥无味，但从搬家那天开始，就渐渐把它当作自己的家了。啊，我的家，回到了我的家！如果一间屋子能给人这般感受，往往需要数月乃至数年的累积。

西久保先生设计的屋子交付那天，我们同工匠还有 NIKO 设计工作室的各位在餐厅简单喝了一杯，从那一刻起，就有了“回到我家”的感觉。令人吃惊的是，我丈夫竟也说了同样的话。

若一开始就拘泥于房屋设计的种种细节，对房间布局和窗户位置深思熟虑，甚至连墙壁的颜色和灯具统统都亲自把控，那么，你无疑会深切感受到“这是我的家”。我们俩却完全不是这样，所以才更为不可思议。

我和丈夫只对西久保先生提出了三个不太具体、好像什么都没说的要求：“想要流浪猫会来的家；想要居酒屋一样的家；想要不太引人注目的家。”其他包括外墙和房间布局，还有墙壁颜色等，全权交给西久保先生来设计。正是因此，当我们初次进入房子时才会惊喜连连，实际上尚未完成，但不管发现什么都很惊奇。即便如此，仍有种强烈的感觉——这就是我的家。到底是为什么呢？而且，就算深刻地感受到“这是我的家”，却总觉得哪里未完成，究竟是为什么呢？

西久保先生设计的房子，向住在其中的人抛出了许多谜团。这对我来说还是第一次遇到，不可思议，也很有趣。家虽说是家，其中包含的名堂还真不少。就好像森林、河川、燃烧的火焰，以及旅行时造访的古街区，时不时会突然向你抛出深奥的问题一样。

住在里面时，我对家又有了新的疑问:“所谓家的外面和里面，究竟为何？”这座房子外面和里面的材质都一样（并非全部）。比方说，从外面开始铺设的混凝土上的瓷砖，一直延续到玄关地板、玄关、走廊。外墙的木板和涂装，也是这样延续到房屋里面的墙壁。里面和外面的连接处，只用窗户和固定玻璃窗区隔。是不是很奇妙的事情？一般来说，屋外就用外面的材质，里面就用里面的材质。里面接近外面，用窗户的设置来分隔里外，西久保先生真是个怪人啊……当初我只是这么想，但渐渐又发现一个问题。所谓家的外面和里面，到底是什么呢？这个疑问可能会改变整体的形式。到哪里为止是我，从哪里开始又是我以外，什么是工作，什么又是闲暇？去哪里算是散步，去哪里才是旅行？

房子突然向我抛出的问题，以及我心中持续变化的疑问，正是在思考这些的时候，未完成的概念开始生根发芽。我想，一定是生活这件事、活着这件事，让未完成发育壮大。

角田光代 /

日本著名作家。2005年小说《对岸的她》获得直木奖。著有《第八日的蝉》《树屋》《纸之月》《我身体里的她》等小说，同时也写散文、游记，以及《源氏物语》的现代文译本。

前言

在我初次入手的建筑学书里，写着这样一句话:“家是什么？学校是什么？道路又是什么？”到底是什么呢？怀抱这种心情，眼前的世界便一下子开阔起来。

家是什么呢？是什么让家之所以成为家？那是什么时候，怎样的瞬间？

我的疑问，也正是这本书的主题。当决定要“建造一个家”的时候，谁都会成为世界第一的妄想达人。意外的是，当我仔细倾听造家达人们发表的言论时，却发现，虽然有生动具体的事例，也还有很多无用的事。

人类是只要放着不管，就会考虑各种多余事情的生物。正是那些多余的事情,“很像那个人、很像那家人会做的事”,成为建造自己家所不能让步的“关键点”。

这本书中有 92 个关于家的想法。尽管分成了十个章节，内容却涉及大事小事方方面面。因此，从你喜欢的部分开始读也没问题。

“啊，我也是！但实际上还是有点儿差别……”如果此书能激发出你的第 93 个想法，那就太好啦！

目录

第一章　**家就是食堂**

第二章　**让大人和孩子都舒服的家**

第三章　**大风刮来个聚宝盆**

第四章　**用颜色和质感打造能自由触摸的家**

第五章　是你的生活让房子变成了家

第六章　家的“持久”到底是什么

第七章　**让你的家流动起来**

第八章　**分享式设计**

第九章　**什么是理想的家**

第十章　**让家藏在街道的风景中**

第一章

家就是食堂

吃饭喝酒，
现在可以同时进行！

所谓家的设计，其实是汇集人们欲望的一项作业。

大家有各种各样的期望，并非随随便便就能办到。但有时候突然会想，所谓家，说到底不就是“食堂”吗？一个带有卧室、浴室和阳台的“食堂”。

这样想想，该考虑的事情就一下子变简单了，只要比什么都美味就行。

但家又不同于街上的“食堂”。家是做饭的人、吃饭的人、大人、小孩，大家一起享受用餐乐趣的地方，难道不是吗？即每日的食堂。

四季轮转，不管里面还是外面，只要“食堂”拥有令人愉快的空间，那就最开心不过了。如果连很小的孩子都能加入则更好。

进一步接触做饭吃饭这件事，你便会发现，吃已深深渗入了日常生活。而且肯定会叫别人来自己家吃饭。等房子布置完之后，接着就有第一场宴会、第二场宴会。因此，我总是一边在脑海中设想家中的宴会，一边思考方案。

那样的场合难能可贵，不用顾虑时间，就想慢悠悠地吃啊、喝啊。但毕竟是家里，边做菜边聊天，边做准备边喝酒，或者陪孩子们玩，终归会有各种状况同时发生。至少添碗饭这种程度的事情，希望自己能够完成，所以说，家的动线设计很关键。

偶尔有中途想参加的人：“啊，我也去，可以吗？”

“朋友一家人要来，刚刚才收到消息。”也会发生这样的紧急状况。

“嗯，挤一挤也可以吧？”那时候就觉得，拥有能应对以上情况的家该多好。

如果有适合落座的台阶，也可以坐好几个人。另外，如果有榻榻米的话，还能在上面打滚呢。

所以说，我心目中的食堂，就是饱含待客之心，非常宽容的“现代化、立体式客厅”。

在那样一个空间里所发生的事，宛如街头现场演出一般。聊天的同时一起做饭，即使是很费功夫的料理也能乐在其中。旁观者只要在一边帮忙喝彩就行，诸如“好好吃啊”之类。小孩大人都能轻松加入进来。

尤其在家里，大多是因孩子们而结缘的聚会。多数时候有三四个家庭，从婴儿到大人，总共 20 人的场合也是家常便饭。如果身处于只安装了整体厨房和桌子的空间，孩子们还在脚边跑来跑去，难免会手忙脚乱。难得愉快的聚会，若不小心弄翻盘子和杯子忍不住发火就糟糕了。

毕竟也想在孩子们心中留下深刻的记忆，要是可以的话，希望他们将来成为会喝酒也会做下酒菜的优秀成年人。

所谓“食育”，并非装腔作势的一个词。我总是在想，不管用餐还是做饭的场所，如果从和孩子们一起生活的视角来考虑就好了。

果然，家就是居酒屋……不对，家就是食堂。

01 孩子和家庭聚餐

“可以让孩子们先去参加，我结束工作马上来。”因孩子们而结缘的家庭聚餐上，这样的情况时有发生。

集合地点是某个人家中，时间不定。如果能毫不慌乱地处理类似状况，这样的家才称得上好。

顺其自然地养育大家的小孩，用细小的日常来点缀生活。

希望那光景能洋溢整个街区。

02 挤一挤坐下也不错

在规划自己家的时候，我曾想过，或许不买椅子也可以。

并非因为“椅子只有四个脚，没法招呼同伴”，而是觉得“挤一挤坐着”反而更舒坦。

平时只有家庭成员的时候也一样，如果每个人都能在联结彼此的公共空间里，找到自己喜欢的一方天地，也会非常方便。

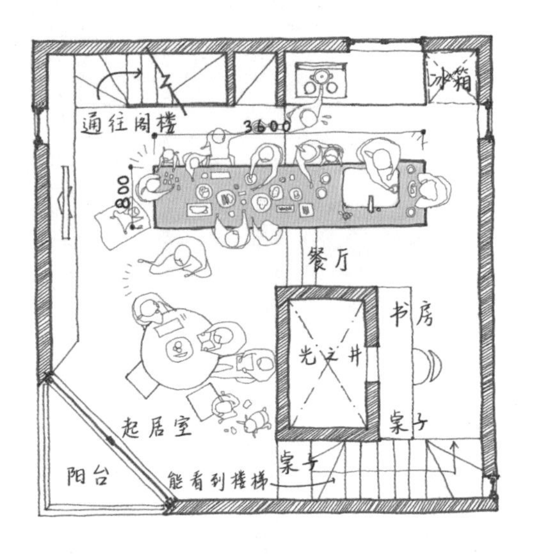

上 / 和水槽连为一体的餐桌，转过身就是厨房。无须每次离开餐桌，只需坐着就能招待客人。（墨田先生的家）

下 / 墨田家厨房的宽度是 3.6 米。正应了“家就是食堂”这句话，餐桌占据了从屋子这头到那头的距离。左半部分是下沉式榻榻米座席，右半部分是椅子座位。

右页 / 一坐下来仿佛就能忘记时间的小田原家食堂。平时只坐三个人的餐桌，也能容纳超过 10 人的聚会。面对摆满一桌子的料理，大人小孩一起咂巴着嘴享用。

03 拥有理想中的立体客厅

散落于家中各处的台阶，造就了理想的居所。孩子也好，大人也好，当然也包括大人之间的距离。时而靠近，时而分离。

立体的日式客厅空间是我们的理想居所。这栋房子里，我们在大餐桌前安装了可移动的榻榻米地台，旁边则是矮桌和沙发。

做料理的人、越过吧台说话的人、利用高差玩耍的孩子们、沙发上谈笑的人……尽管面积没有变大，但恰到好处的高低错落和不同素材的使用，可以变换出多种类型的居所。

在小型住宅中，厨房既是做饭的场所，也是吃饭的场所，还是休闲的场所，拥有多种功能。我认为让“食”渗透到日常生活中是一件很好的事情。大人、孩子，再加上宠物，大家能够同时享受愉悦，这比什么都幸福。

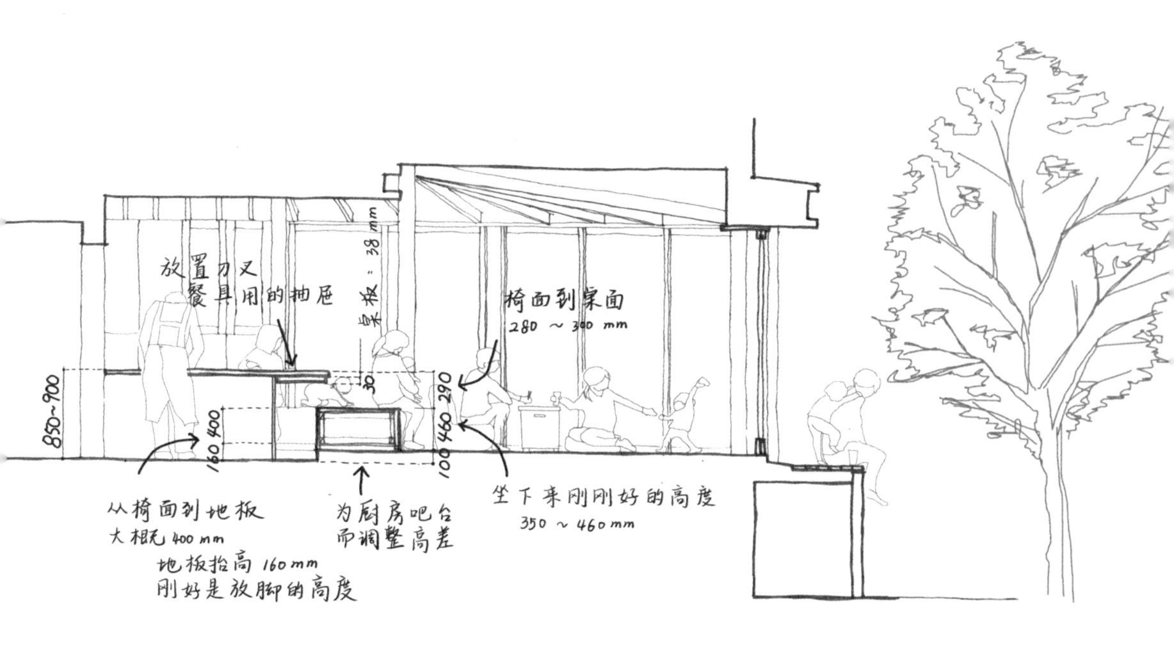

左页 / 榻榻米地台高出地板 46 厘米，是坐下来刚好的高度。铺设地板的房间里，大家则围着矮脚桌而坐，又是完全不同的居住空间。

上 / 剖面图。餐桌安装了可放置刀叉餐具的抽屉，打造出谁都能轻松帮忙的厨房。

下 / 一楼平面图。不管身处客厅何处，都能眺望阳台对面的景色。从玄关进来，无须通过客厅就能抵达厨房的动线。优点是买回来的东西可以直接储藏收纳。（三轮先生的家）

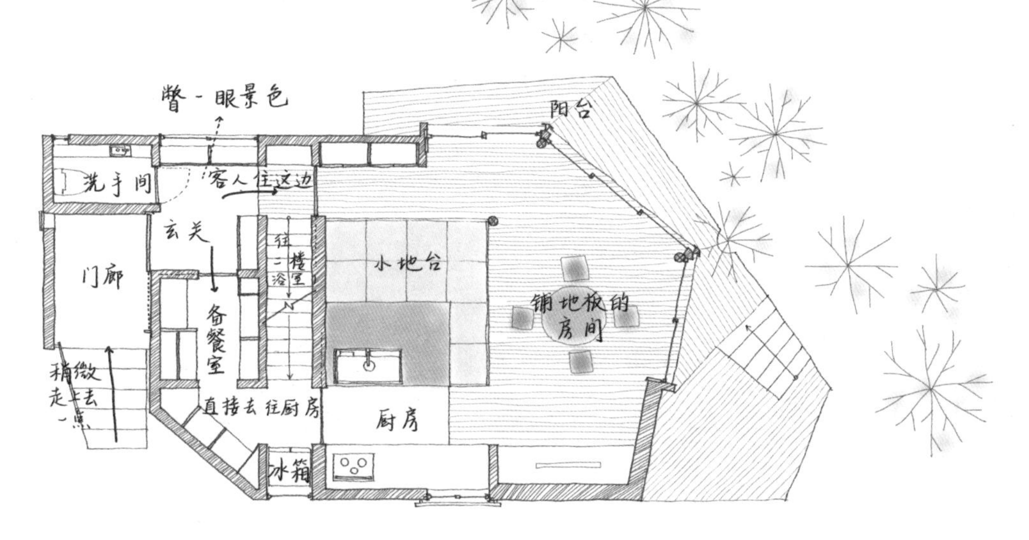

04 和孩子面对面的厨房

让很小的孩子也能帮忙，需要恰当的高度。比如，能看见母亲在做什么的高度；做饭间隙，能坐下来稍事歇息的高度。在这样一个能和孩子面对面的厨房里，若无其事地做着每日例行工作，也能保持和孩子们不断的交流。

孩子们好奇地盯着大人做菜的样子，而大人也能时不时向孩子投去一瞥。

每天有数不尽的家事，至少能让它们变得更有趣一些，何乐而不为呢？

这样子度过的时间，也许只是居家生活中毫不起眼的一瞬间。但一瞬间，也很重要。那个一瞬间，肯定会在某个时候重现，经过几次三番的轮回，便交织成了故事。

不过，觉得面对面很麻烦的日子，当然也是有的啊！

左页 / 在每日生活中，制造和孩子们视线相对的瞬间。（曾根先生的家）

左上 / 兼作备餐台的桌子，不仅仅是吃饭的场所。孩子们也可以从起居室那侧跪站着、摊开玩具玩耍。（尾崎先生的家）

左下 / 作为生活中心的厨房，总是聚集着整个家庭。（加藤先生的家）

右上 / 向来属于妈妈地盘的地方，也变成孩子们喜欢的场所。妈妈可以偷偷听孩子们之间的交谈。（ISANA）

右下 / 想参加在餐桌上进行的大人们的会议。（前川先生的家）

05 玄关食堂

玄关也好、食堂也好，都是迎接人的场所。让人感受到“回家了”的场所。

或许，它们扮演的角色是一样的。

打开玄关的门，飘出好闻的味道。那就是玄关食堂了吧！吃就是生活，根据这一点来做设计，可能就是终极方案。

这栋房子的宅地面积实际上只有 66 平方米。尽管很小，真正的玄关却在旁边，这正是该方案的关键点。

那里可放置鞋子和不容易收纳的工具。很难做到让玄关一直保持清爽，双重动线的设计虽然会让空间变得更狭小，但仍然值得推荐。

让该藏起来的东西有足够的储藏空间，这一点非常重要。

顺便说一句，小型住宅把洗手间设计在玄关附近并单独隔开，也是很受欢迎的方案。

即便小小的家，也想要毫无顾虑、优哉游哉地去洗手间啊！

左页 / 新先生的家，呈“へ”字形的餐桌面向道路侧的小庭院。通过小壁（建筑用语，日本和式建筑中，指靠近天花板的一块狭长的墙壁），将生活和街区含蓄地连接起来。

上 / 从二楼卧室通过楼梯井向下看。

上 / 餐厅全景。阳光从楼梯井照入一楼房间，街区同生活紧紧相连。

下 / 一层平面图。

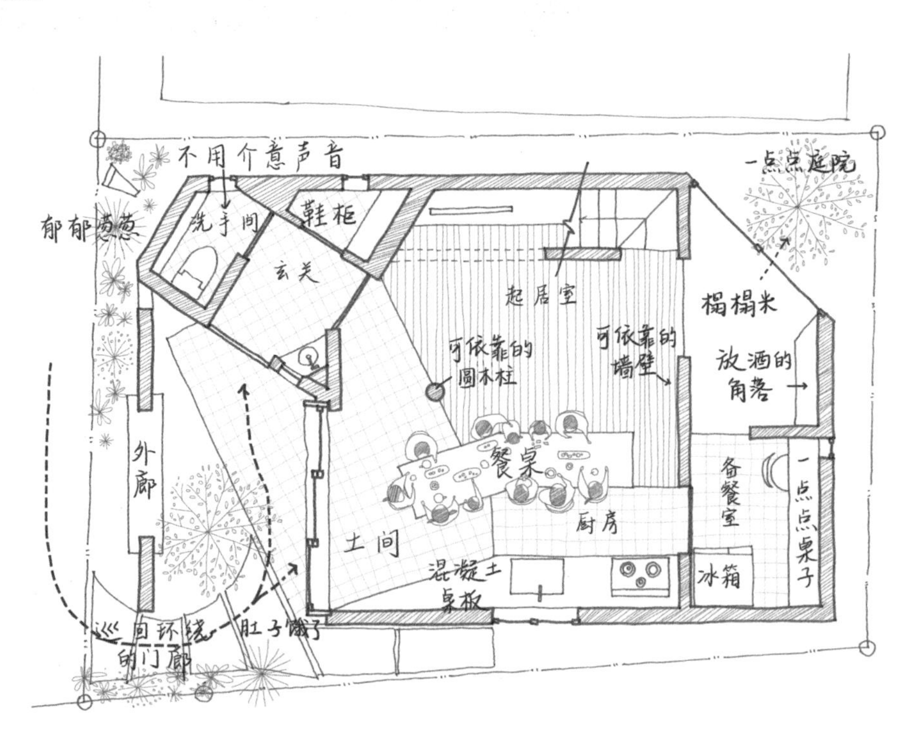

06 让男人会爱上的竞技场式厨房

厨房是竞技场，常常要分秒必争来决定胜负。并非担心弄脏这里弄脏那里，而是必要的东西可以马上拿到手。

我们理想中“食堂即家”的设计，至少要能让两个人在里面尽情施展手脚。其次，想展示给人看的东西、想立刻拿到手边的工具、想藏起来的东西、需要收纳好的东西，都得精心布局。

但不必规定得很死板，使用起来顺手就行了。因为得预估食物趁热上桌的时间节点，也要暗中观察餐桌上的进度。

为了好好招待客人，令人心情愉悦且高效的环境也很重要。

委托 NIKO 工作室设计厨房的屋主大多是料理能手，那方面的要求自然很多，尽管很不容易，但新房子造好后，开始对料理感兴趣的男主人多起来了，这比什么都让人高兴。

果然男人会看外形啊，竞技场式的厨房能给男人足够干劲！

上 / 厨房全景。夫妻两人都是料理能手的大山家。从放置家电和餐具的场所，到上菜的便利程度，都是从方便二人共同行动的角度来考虑的。

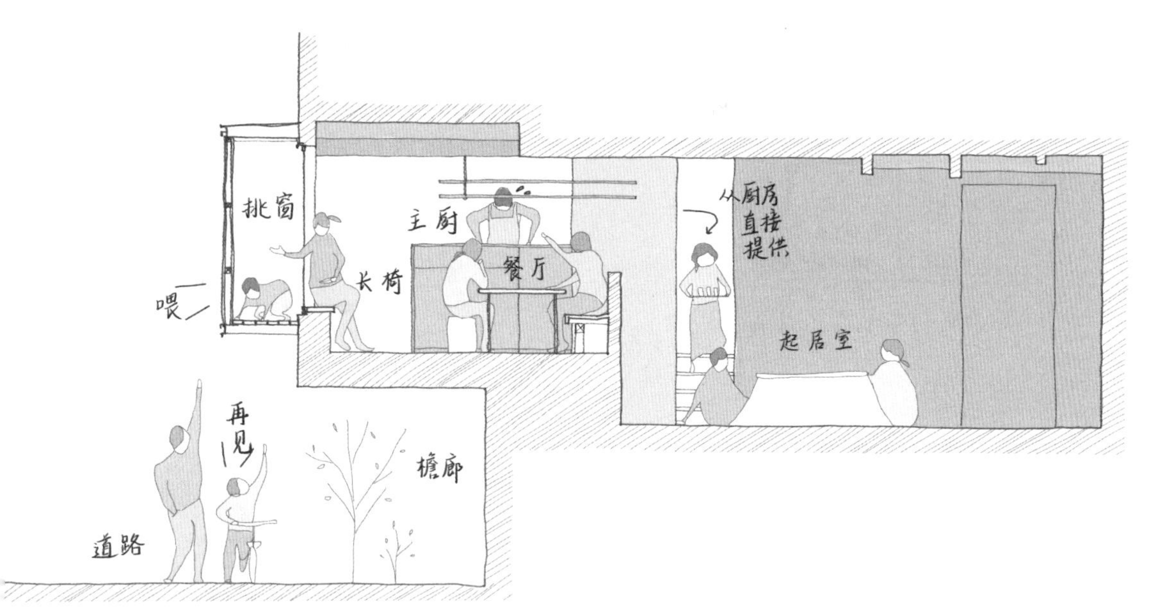

左页 / 从餐厅侧看厨房。夫妻俩一起干活，隔断式吧台的另一面是水槽。

上 / 厨房·餐厅，以及展示客厅地板高度的剖面图。

下 / 厨房的平面图。根据烹饪工具、餐具，以及做菜的步骤来决定位置和尺寸。

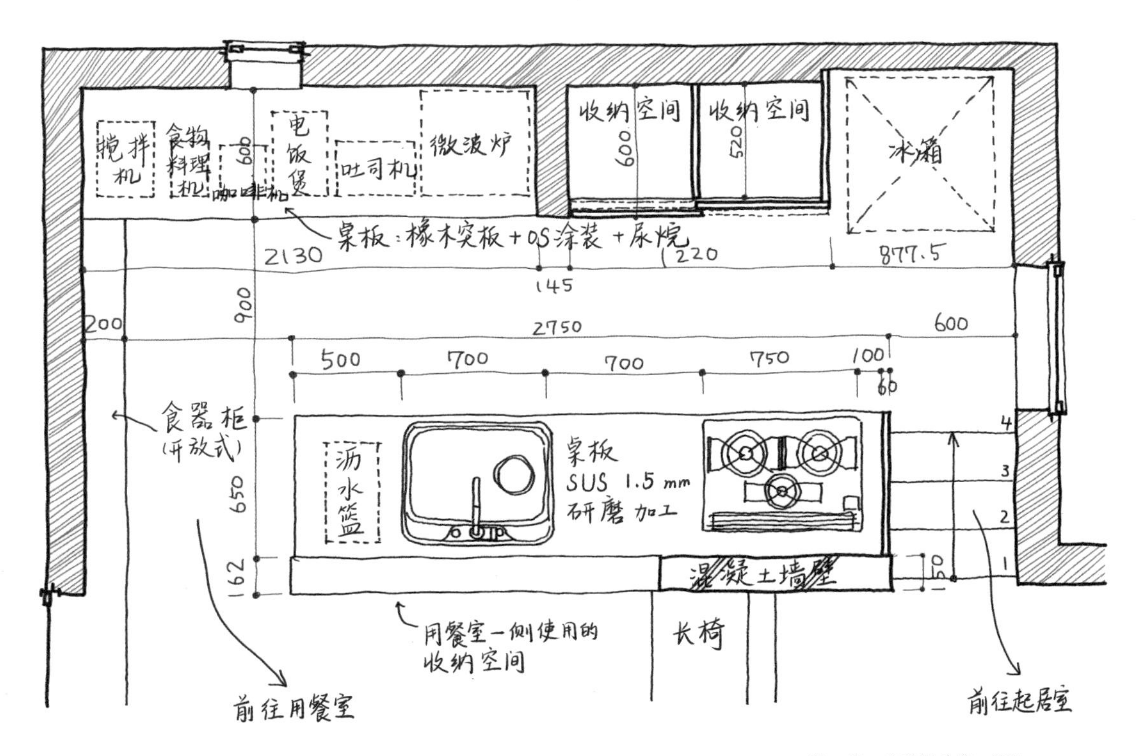

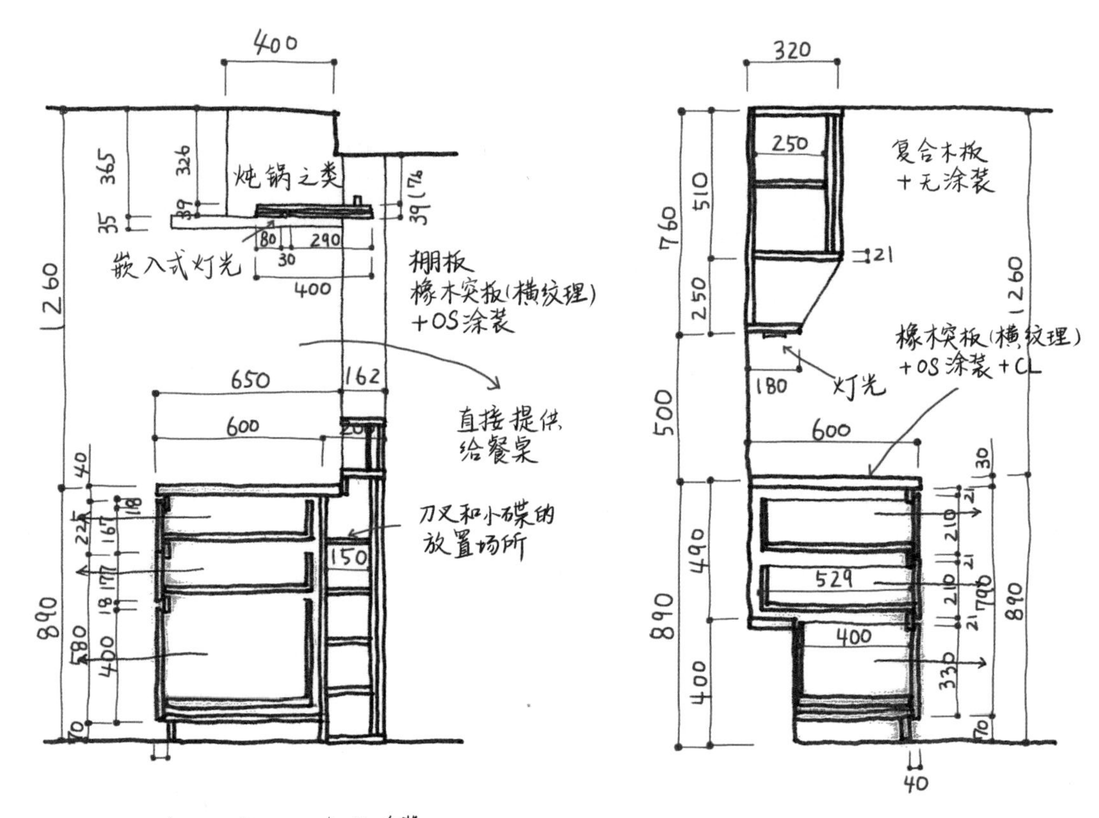

400
炖锅之类
嵌入式灯光
棚板
橡木突板(横纹理)
+OS涂装
直接提供
给餐桌
刀叉和小碟的
放置场所
320
复合木板
+无涂装
灯光
橡木突板(横纹理)
+OS涂装+CL

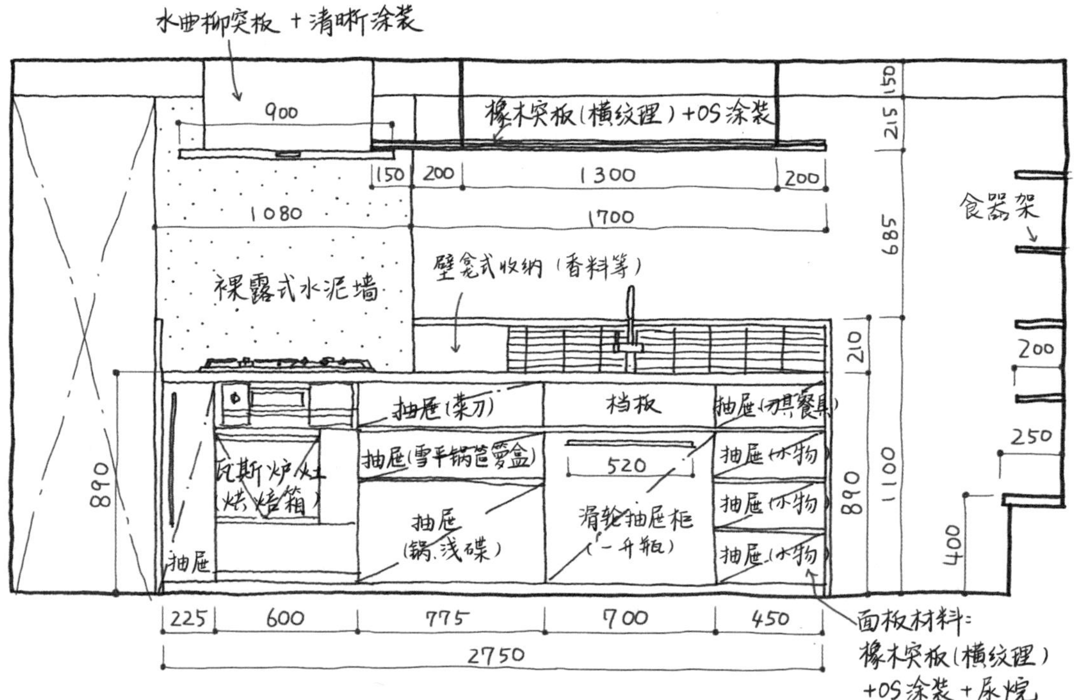

水曲柳突板 + 清晰涂装
橡木突板(横纹理)+OS涂装
裸露式水泥墙
壁龛式收纳(香料等)
食器架
抽屉(菜刀)
挡板
抽屉(刀具餐具)
瓦斯炉灶(烘焙箱)
抽屉(雪平锅苣萝盒)
抽屉(小物)
抽屉(锅、浅碟)
滑轮抽屉柜(一升瓶)
抽屉
面板材料:
橡木突板(横纹理)
+OS涂装+尿烷
2750

左页 / 厨房图。根据烹饪工具、餐具，以及做菜的步骤来决定位置和尺寸。

上 / 从餐厅侧看客厅。小平台的设置，成为不同家庭成员活动的空间。洄游式的设计，无论餐厅还是客厅都能从厨房直接上菜，让两边的宴会同时开展。

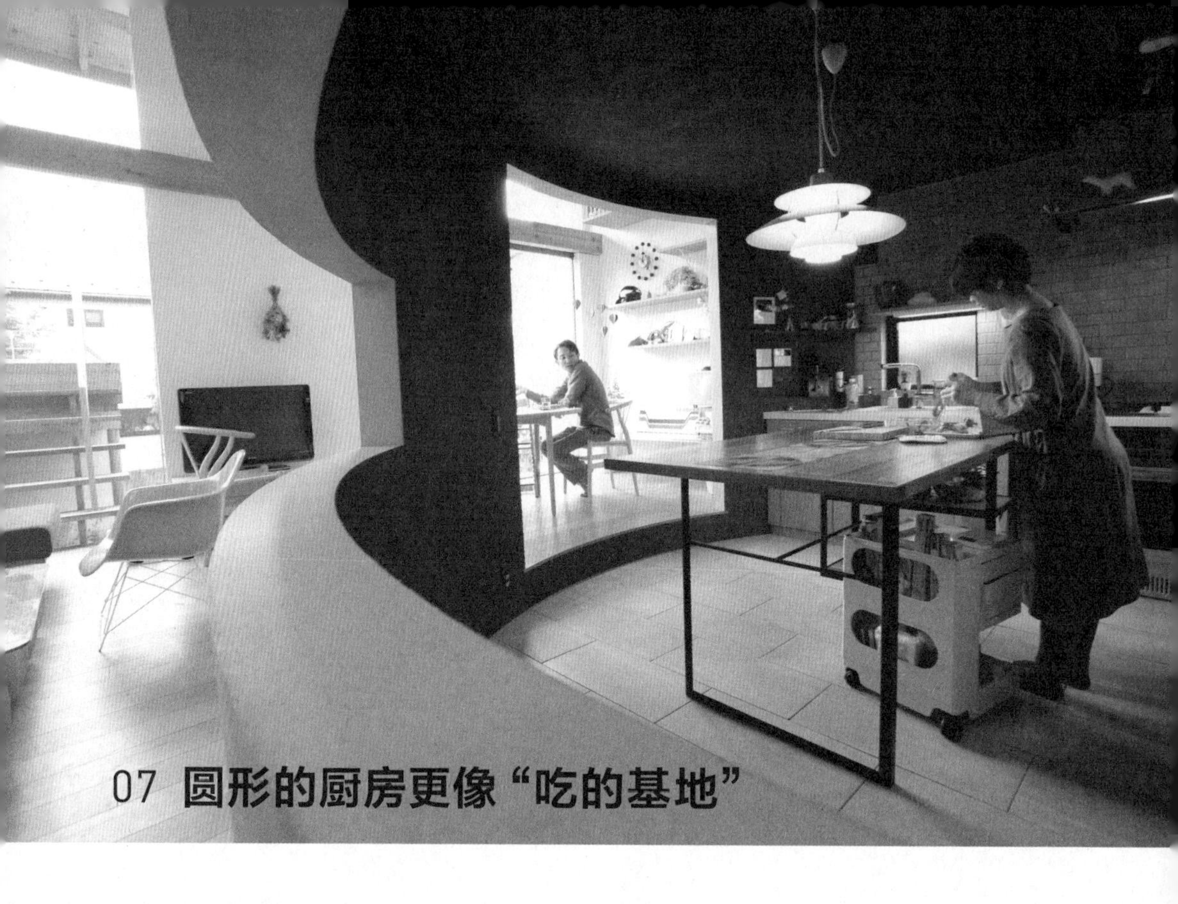

07 圆形的厨房更像“吃的基地”

相比各类厨房，能够环视日常生活的圆形空间更适合被称作“料理场”。视线可以投向庭院，也能从长方形开口处瞟到起居室、玄关和二楼的样子。当然，从外面也能有意无意窥见厨房内部。

“日常生活的核心，无非就是在里面和外面都吃好喝好。”

我用“吃的基地”，将小川先生一家坚持的宗旨表现出来。

就像从前家里做饭的地方那样，不管多人聚会、日常晚餐，还是儿童聚会，应对各种场合变换自如。

因为厨房有充分的储藏空间，每次都可以自如地调节氛围，实属乐事。

拥有这样一个圆形的空间，无论家人还是朋友，都能感受到食物近在咫尺。

左页 / 围绕着吃的圆形厨房。操作台的桌板原本是小川先生外婆家的。制作了新的桌腿后，作为料理台重获新生。招待多位客人的采购也好，费功夫的料理也好，在这间厨房都能轻松完成。

右 / 开荞麦面店的朋友，手打荞麦面的样子。观众可以透过圆形墙壁中的小窗观摩。

下 / 圆形筒状的厨房外侧是客厅和餐厅，前面能够眺望庭院。

08 让厨房有特等座的感觉

正是考虑到“家是食堂”的理念，所以才要把厨房设计成令人心情愉悦的地方。作为房子中心的厨房自然很好，但面朝大窗户的厨房同样很不错。

举例来说，如果有面对马路的窗户，家人说“我回来了”的时候就能立刻迎接他们；如果是面向庭院和街区的窗户，那么便能远眺庭院和观察天空的变化。

毕竟是每天使用的场所，要让自己更享受每天做的事。以及侧眼就能看到家人的样子，果然很开心啊！

尽管人们常倾向于把厨房设在屋子尽头，但身处一个景观好、总有自然光和微风通过的厨房，你一定能从水滴滴答答的粘腻感中解放出来。

即使不做饭的家人也时不时会来到厨房，那就大功告成了！因为这是家里面的特等座啊！

09 让生活和待客和谐并存

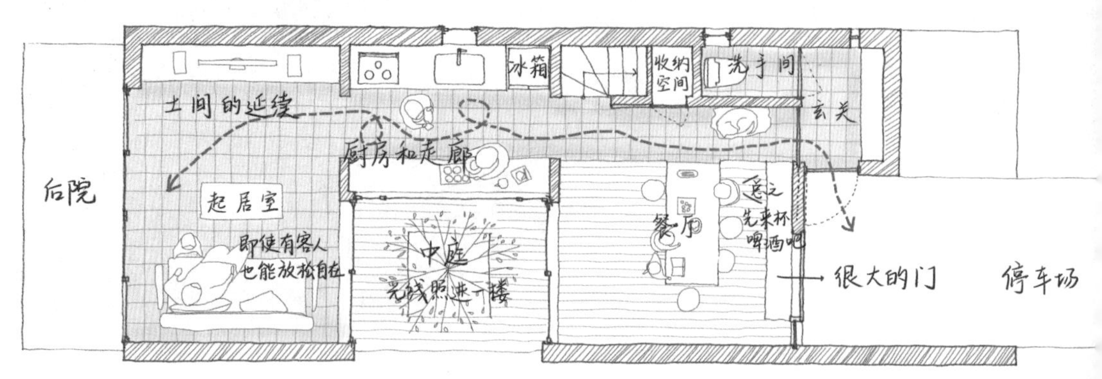

本间先生家的构成如下：厨房位于面向一楼中庭的通道部分，玄关前是居酒屋般的小平台式餐厅，最里面是起居室。

现在看来，这无疑是最适合本间先生家的厨房配置，然而在住宅设计的教科书里，绝不会出现穿过厨房到起居室这样的做法。

但本间先生一家喜欢做好吃的招待亲朋好友，尤其享受饮酒尽欢的时光，对他们来说，通道式土间[1]的设计非常适合。

房子完成到现在已超过10年，因为玄关一进来便是小平台式饭桌，我每回去叨扰时，都会一不小心掉入“居酒屋陷阱”，很少走到里面去。孩子们则在里面无所事事地看电视之类，互不影响。

不论何时都能愉快地迎接客人，尽到地主之谊的一个家。

小型住宅的设计，最重要的是“兼顾什么”，做决断的时候，比起理论，最关键是适合主人以及整体的和谐等。

进入玄关后，首先会看到居酒屋般的餐厅，夫妇两人可以一边做料理一边享用酒菜。通过中庭能看到起居室，这种恰到好处的距离感让生活和待客和谐并存。

1 土间：日本传统民宅的一种建筑构成，指没有铺设木地板、和地面同高的那一部分空间。

10 施工期间就开始聚会

施工开始后，上梁那一刻是最激动人心的。终于，巨大的框架组合完毕，感动的同时，我们也处于一种强烈的半途感之中，虽说是房子，但屋顶、窗、墙壁统统都没有。

说真的，很想保持这种样子过几个月看看，但肯定不行。为了珍惜那瞬间，我会建议大家举办一个盛大的“上梁宴会”。

把几块大复合板拼起来，不分设计师、屋主、工匠，大家围坐在一起，从施工开始家便是食堂！

每次都人数众多，不管怎样挤一挤总能坐下。“说起来，那时候大家在现场一起吃饭了呢！”等到房子完成后，这份记忆会成为大人和孩子永不忘怀的关于家的故事。

果然……因为家就是食堂。

基本都在屋外举行野餐式上梁仪式。之后房子会很快装上墙壁和屋顶，这个瞬间仅有一次。同时也可以作为一个实验，试看房子完成后举办家庭宴会，最多能招呼多少客人。

11 “吃”是家的展现

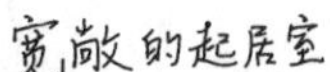
宽敞的起居室

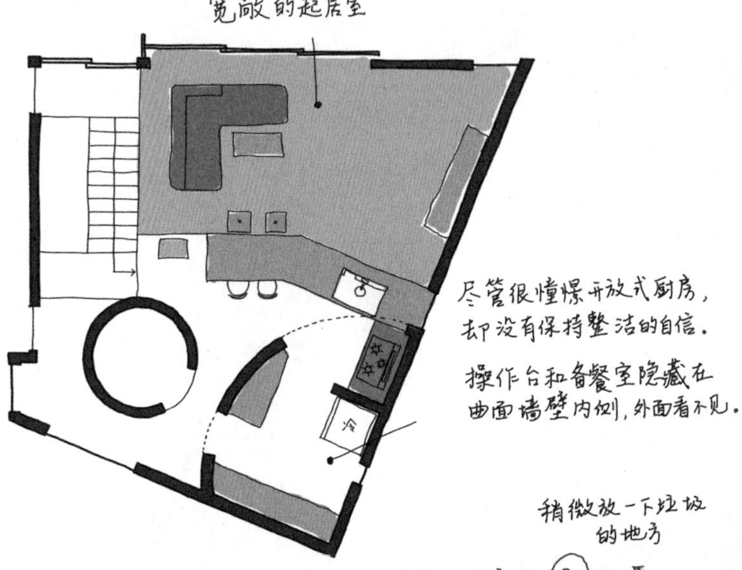
尽管很憧憬开放式厨房，
却没有保持整洁的自信。
操作台和备餐室隐藏在
曲面墙壁内侧，外面看不见。
冷

稍微放一下垃圾
的地方
需要进深空间的洗衣机
和冰箱并排放置。
洗
冷
餐桌则看心情，有时是吧台，
有时是桌子（被炉）
为了方便使用圆筒锅之类
有高度的锅，将炉灶的
高度降低。
照看起来也容易
用水区域的桌板
采用马赛克磁砖

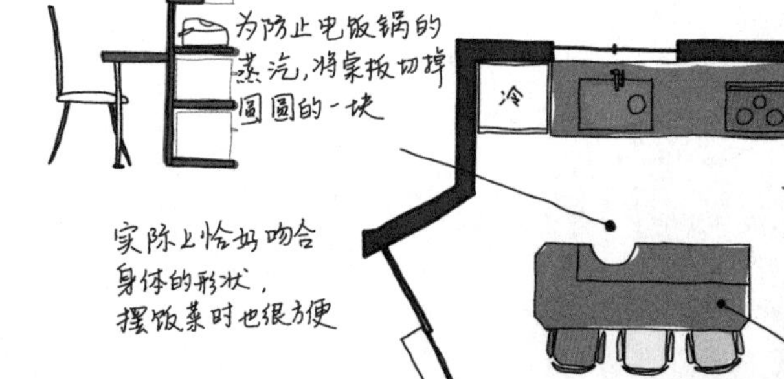
为防止电饭锅的
蒸汽，将桌板切掉
圆圆的一块
冷
稍微放一下垃圾
的地方
实际上恰好吻合
身体的形状，
摆饭菜时也很方便
一家三口并排坐着吃饭，
就像电影《家族游戏》
的第一幕场景

有一个成语叫“名副其实”，我常常会觉得，果真如此啊！同样道理，“吃”也能如实地反映出一个家的样子。

有的人尽管很喜欢料理，对于厨房设计却轻飘飘地丢下一句“拜托了”；有的人却是每个角落精确到毫米般的锱铢必较；有人希望拥有背朝餐桌的厨房，“因为我一吵架就想把身子背过去……”

对于吃饭和做饭，每一户人家都有各自的考量，并无正确答案。

正因为是每天都要使用的场所，再小的考量都会表露无遗，这点很有意思。反过来说，厨房的布局意外地让很多男性对料理关注起来，也是一种有趣的展开。

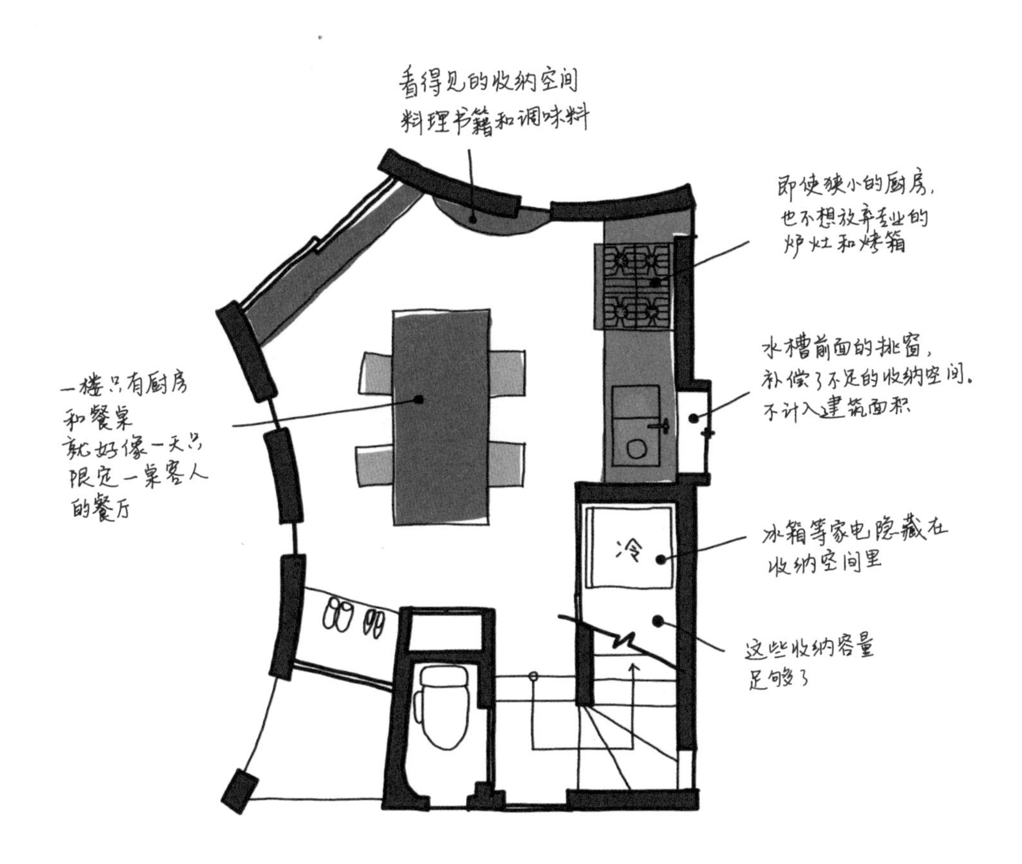

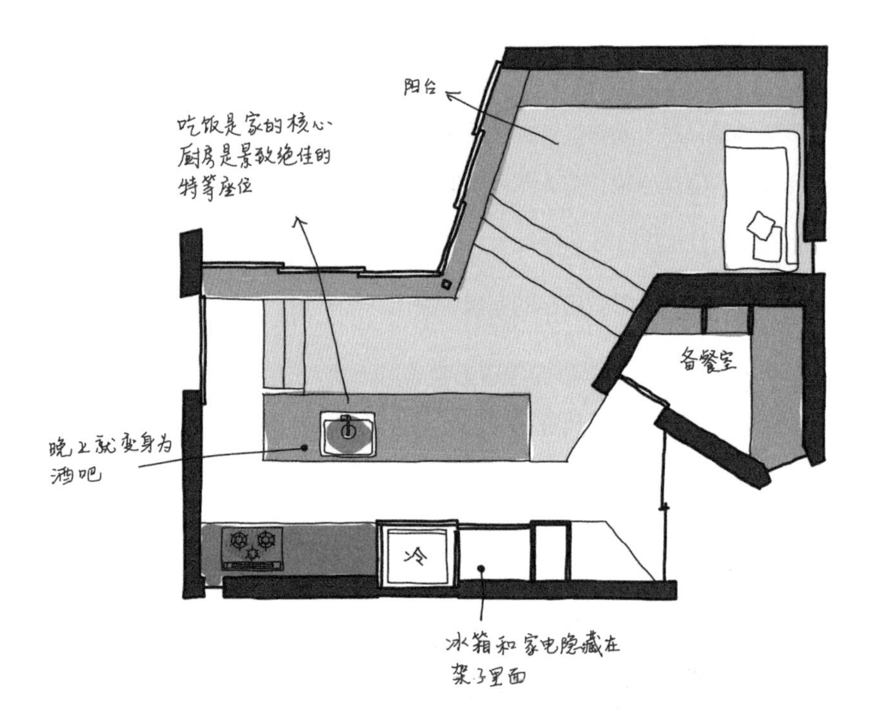
阳台
吃饭是家的核心
厨房是景致绝佳的
特等座位
备餐室
晚上就变身为
酒吧
冷
冰箱和家电隐藏在
架子里面

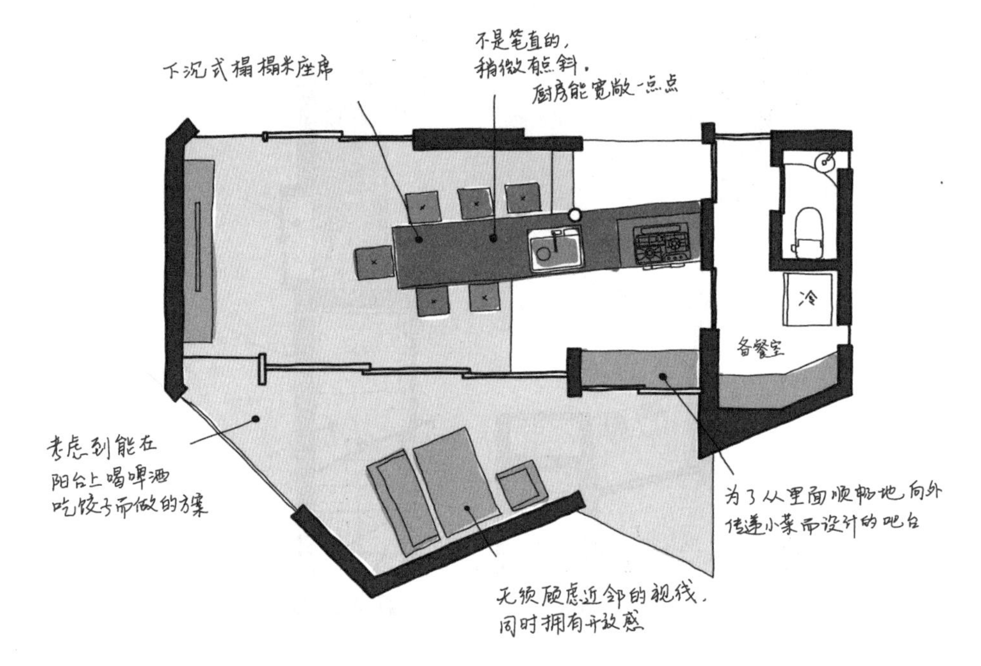
下沉式榻榻米座席
不是笔直的，
稍微有点斜，
厨房能宽敞一点点
冷
备餐室
考虑到能在
阳台上喝啤酒
吃饺子而做的方案
为了从里面顺畅地向外
传递小菜而设计的吧台
无须顾虑近邻的视线，
同时拥有开放感

比起“因为容易弄脏”而把东西隐藏起来的布局，反倒是直接放在眼前更好，不知不觉出现了“让每一天都干净整齐”的意识，这样的事常有发生。

“厨房是女人的阵地”这种说法早就过时了。

“反正什么也不会做。”比起不要男人插手，倒不如制造一种前所未有的男性浪漫。

所谓“吃”是家的展现，不仅意味着迄今为止家的样子，实际上，更要展现未来的生活姿态。

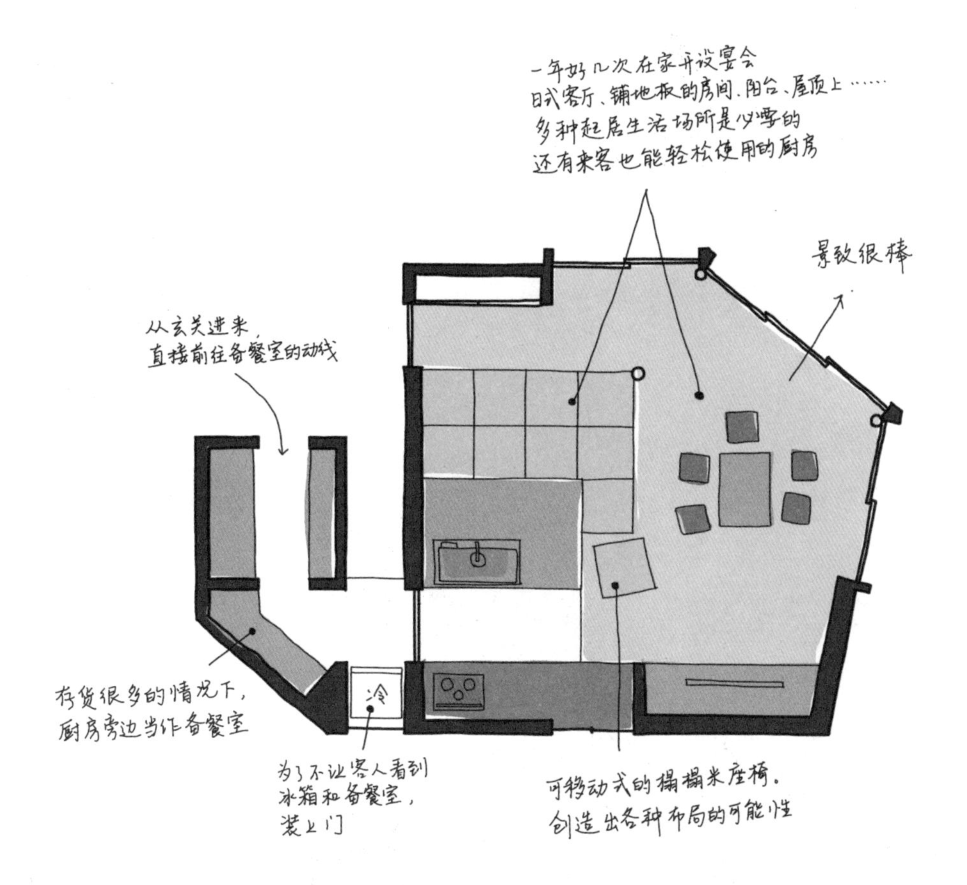

第二章

让大人和孩子都舒服的家

只是
大小不同哦！

我有三个孩子。虽说现在都已经长大了，但在他们小时候一同走上街，我常常会感到“视点”和“规模”的强烈违和。

“这世界上，有大的人，也有小的人啊！”居然被这理所当然的事情给感动了。

他们视野中能看到的东西、体验的东西，便是属于他们原本的风景。

这么说来，我也有小时候拼命爬上围墙的记忆。结果拼死拼活都没有爬上去，印象格外深刻。长大后，有一天突然想起“这究竟是多高的墙啊”，于是特意跑过去看，着实吓了一跳。那个“围墙”，还不到成年人腰部的高度，只不过是庭院里的一面小墙。

之所以会有这样的儿时记忆，是因为孩童时的视点和童年时期的状况，留在了大人的记忆深处。在我们的身体里，一定同时住着一个大人和一个小孩。

从某种意义上来说，设计工作也就是把握大小的工作，决定大、小、高、低的工作。但实际上，也有相对性。

所谓大是“对谁而言”，所谓小是“对谁来说”。

让我们用那样的眼光，来打量周围的空间。

于是你会发现，世界上绝大多数东西的尺寸，都以方便大人使用的基准来设计。比方说楼梯一个台阶的高度、走廊的宽度、桌椅和厨房的高度、起居室天花板的高度等，就连道路宽度，恐怕也是以汽车能够交错的尺寸作为参照。

大多数空间和街道，都是根据成年人用起来舒服的平均尺寸而建造的。然而小孩子也一同生活在这个空间里。这般创造出来的世界与孩子们无关，他们只能用自己小小的身体同眼前的事物对峙，用想象力来进行解读。

为大人建造的设施，孩子们却能凭借一点点灵感，将它们变成适合自己身体大小的绝妙空间。比如稍微一点儿高差，就可以成为舞台和书桌；餐桌下即屋顶下；壁橱更是完美的隐匿处。有时候两层楼的住宅，能被当作四五层的建筑物来用。看着那样的光景，我更深刻感觉到，住宅和街道是大人和小孩共同居住的场所啊！

如果说人生有 80 年，真正小的时候大约 10 年，顶多占平均寿命的 1/8。然而就记忆的浓度来讲，却压倒性地支配着今后的人生。因此，若能让这些小小设计师们满意，才是真正的胜利。

不过你的预设通常会被颠覆，“没想到这样都行”，孩子们出乎预料地将其变为舒适的“地窖”。那份记忆一定会延续到未来吧！

12 不需要个人空间

这是我遇见白石先生一家时，最初听到的话。

当时白石先生一家住在租来的小公寓里，有在读小学的三个孩子。在他家碰头的时候，我观察到孩子们平时的样子。他们带着父亲自己做的儿童专用书桌，来到各自喜欢的场所，在那儿学习和画画。很多时候，创造恰到好处的亲子距离感，也有助于大家找到专属于自己的场所。

在小公寓里，自然而然地实践着那种生活。孩子们简直就像生活在家里的游牧民族。

个人空间并非被给予的，而是必要时期，由自己来创造必要的距离感。

“不需要个人的空间。”正是父母对孩子信赖的佐证。

现在我觉得，这是给将来要离家独立的孩子们的最大支持。就好像当你浑身充满力量的时候，才能一下飞到空中翱翔。

13 孩子们向上爬

住宅平均的天花板高度为 2.4 米左右，1.2 米正好是一半。也就是说，把两个 1.2 米重叠起来，刚好是一个家的高度。

“白石先生一家更适合平层啊！”尽管我这样认为，但从宅地条件来看行不通，于是我提出了 1.2 米分段式地板的方案。就好比将大平层轻柔地折叠弯曲，营造出立体的一室空间。

1.2 米正好是孩子们能勉强向上攀爬的高度，那下面刚好作为偷偷躲藏的秘密基地。对大人来说，也是恰好当作吧台的高度。蹲下来就能隐藏自己，站起来立刻现身。即使就在旁边也看不见身影，但却能听到悄悄话，宛如大平层般的二层建筑。

“真是跟白石先生家完美匹配的空间啊！”如此提案之后，白石先生也非常高兴地接受了。

尽管孩子们也有做成年人事情的时候，此刻，我只想倾注所有热情告诉他们：“向上攀爬吧，孩子们！”

左 / 爬上去、跳下来。用适合孩子们的高差来建造一个家。

右页 /1.2 米的高差，孩子们活动刚刚好，对大人来说也意外方便。

広辞苑

14 有趣的“儿童塔楼”

完成白石先生家的设计后，大约过了 10 年，我才意识到“发掘令人愉悦的空间”并非全部。

Matthews 家的儿童房被称作“儿童塔楼”，即使不走楼梯，也能通过攀登一级一级的踏板抵达二楼。连接一楼和二楼的楼梯自然是有的，只不过托“儿童塔楼”之福，孩子们可以在家进行立体式环游，就这样，成为一个立体空间上没有尽头的房子。

仅凭这一点，便能催生出愉快的家庭关系，同时，孩子们的动线，也有促进房子空气循环的效果。

在单间为主的都市住宅中，“尽头”很容易让空气停滞，但只要有一处通过上下层连接，就能让家里的空气流通起来。有时候，还会成为猫咪刚好能穿行的通道。

真是一举两得的儿童房。

我相信，空间的意识和发掘，一直会持续下去。

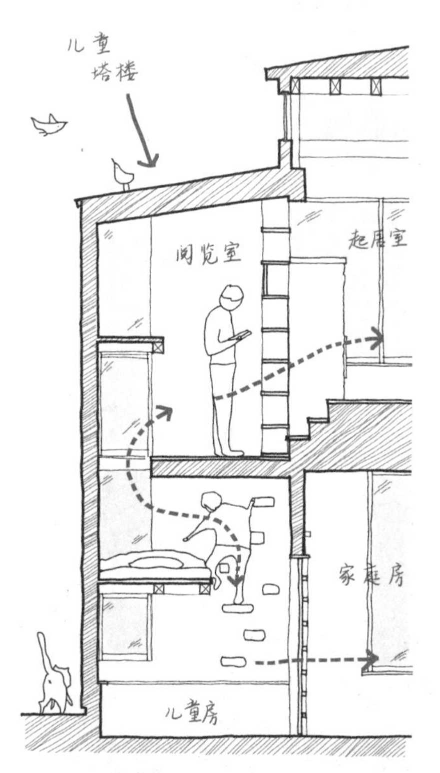

左页 / 爬上儿童房后，便是全家人共同使用的阅览室。旁边是父亲的书房。

左上 / 踩着木梯爬上卧室床，下面是玩耍的地方。
右上 / 阅览室里有一架钢琴。琴声穿过儿童房，在楼下也能听到。
左下 / “儿童塔楼”的剖面图。

15 将一层变成两层

将古民居全面翻新后的沟口先生家。

原本并排在一楼的单间光线阴暗，墙壁通常是直接延续到天花板，所以我想将它们改造成视野明亮、通风好的空间。并且根据“适合孩子的规模”来考虑。

把一楼儿童房从高度上一分为二，上下交替成为封闭场所和开放场所。距离地面 1.2 米高的地方，再铺设一层地板，即使下面用墙壁封住，上层空间也能让大人拥有宽广的视线。

就这样，在空间的相互作用下，光线阴暗的一楼，变身为视野、通风和阳光都良好的空间。再加上对孩子们而言，“一层建为两层”也令人高兴。不知不觉，变得像大街小巷一样充满乐趣。

从街区中，我们能得到许多让空间变丰富的启发。

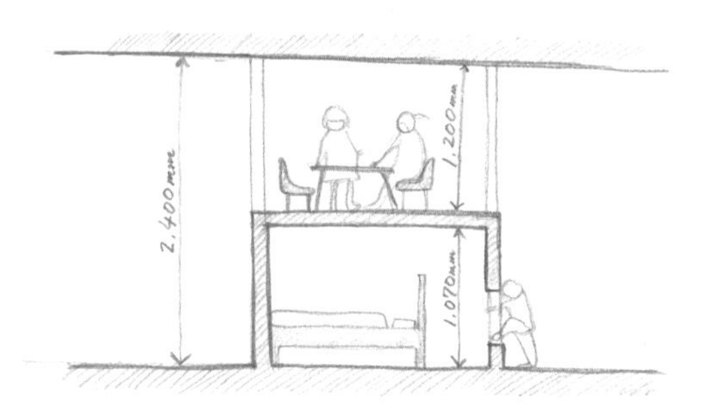

左页 / 把一楼原本的层高分为两半，对孩子们来说就是散落的二层建筑。

上 / 从玄关看过去，阴暗的一楼现在视野宽阔、通风透光。

中 /2.4 米的空间分配。

下 / 低矮的天花板，不仅对小孩友好，大人们也心情舒畅。

16 不规则的窗台让日子变生动

窗户，是连接家和街道的地方。光、风、声音、雨的气味，全都会透过窗户进来。有时候，我会想尝试下稍宽些的曲面窗台。

变宽后的窗台成为墙壁上的突起，有方角还容易撞痛。然而，有孩子开始在上面睡觉打滚。其他时候，也可以晒饭桶、放置植物。忽然间，窗台的使用让日子变得生动起来。

原来如此。从那之后，面对这样那样的不同家庭时，我开始将窗台作为生活场所来考虑。窗户有很多种，没什么规矩和限制，重要的仅仅是窗户这个地方而已。它是植物的生活场所、猫的生活场所、孩子的生活场所。

想象可以在窗边做的事，稍稍拓展下宽度，再弯曲下线条。有棱角的空间太多了，不知不觉中，我就往里面添加了柔和的线条。只有那儿，就算作为喝酒聚会的场所，也非常受欢迎，实在不可思议。

不规则窗台无论对于孩子还是大人来说，都相当友好。

左页 / 窗台上躺着的孩子们。（尾崎先生家）

上左 / 半圆形窗台，成为姐妹二人的书桌。（加藤先生家）
上右 / 长长延伸的窗台，可作为长凳、桌子、电视桌使用。（hitotunagari 之家）
中左 / 和屋外飘窗相连的窗台，是光照很好也令人心情愉悦的生活场所。（大山先生的家）

中右 / 窗台延伸到玄关附近，变成放包的地方。（若井先生的家）

下左 / hitotunagari 之家
下中 / 神宫前的家
下右 / 大山先生的家

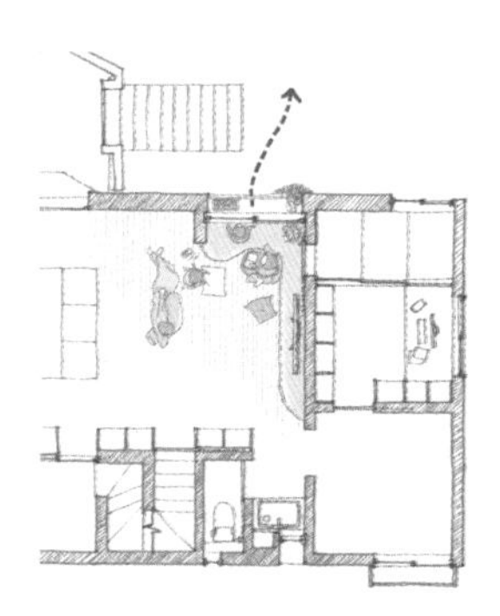

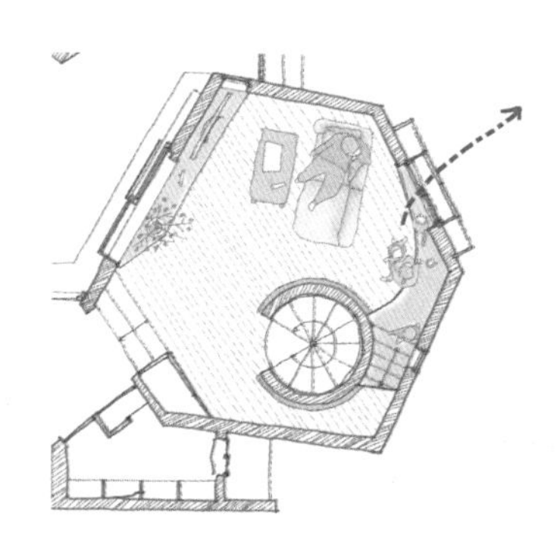

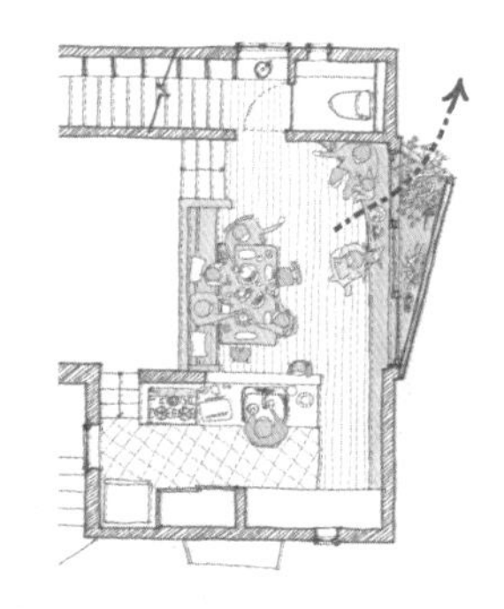

17 低落时有地方躲起来的家

家里有适当的死角也不错。

虽说跟家人面对面相处的时光很珍贵，但并非总是如此。希望身处同一空间，但也想一个人待着；尽管不想被别人看到，却想待在同一个空间。

在与加藤先生一家商谈房子的设计时，我问他的孩子："怎样的家比较好？"

"低落时有地方躲起来的家比较好。"对方回答。

原来如此。如果问大人，通常会得到容易打扫的家、方便做家务的家等有关日常生活功能的回答，到底是小孩子啊！

或许，因为在家度过最长时间的人是小孩子，所以他们才会对空间提出如此特别的需求。

因此，在加藤先生家的方案中，我加入了看起来无用的小路和隐藏式空间。有趣的是，有了这些用途不明的场所后，反倒让家庭聚会的空间变得复杂和丰富起来。

尽管身处同一空间，好像能看到又好像看不到，只有声音能够听到。

搞不好结果是，这样的设计在加藤夫妇吵架时最能派上用场，我如此想象。

左页 / 圆筒里面抬高了一级，并铺有地毯，对低落时的孩子能起到安慰作用。有时会变成加藤先生练习吉他的场地，也是夫妻拌嘴时的最佳逃离场所。

上 / 起居室。正因为是天花板高而通透的大空间，同时也需要有阴影的场所。

下 / 位于二楼厨房和家务间旁边的圆筒，及其周边的"低落空间"。

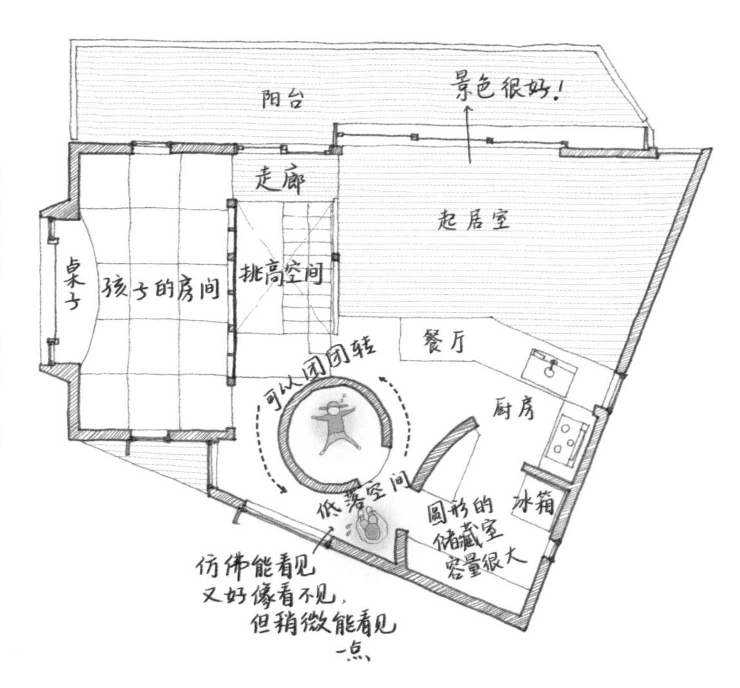

18 绝妙的距离感

父母如何考量和孩子之间的距离感，是我们在设计房子之初需要面临的重大议题。

建造新家之前的生活中，我们不知不觉已经构筑了“绝妙的亲子距离感。”但说到底，当你打算建造一个新家的时候，肯定是因为当时居住的家有某些不舒服的地方。

比如狭小、陈旧、收纳空间很少之类，总而言之是“某方面不足也不便的状态”。

但有“不足的地方”和“不便的地方”，也是一件很棒的事情。房间不够，所以一

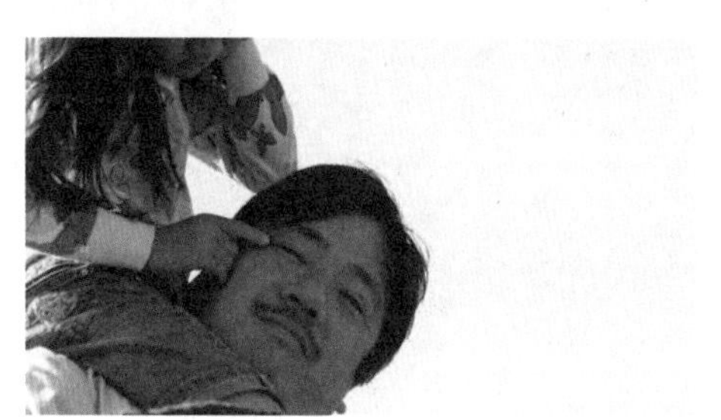

起睡觉；墙壁很薄，所以听到声音就能感受到情绪。

设计方案前我去对方家中拜访，深刻感受到，正因为这样那样的状况，才催生了绝妙的距离感和找到平衡的窍门。

正是这样，才有了“家”，才“像那一家人”，难道不是吗?

因此，在条件允许的情况下，我会让新家也保持自然且出色的距离感，尽管多少有些不方便。

19 孩子是寻找好地方的高手

猫和小孩，是寻找好地方的高手。不经大脑思考、只用生物的纯粹本能来感知，所以才能够发现空间新的用法吧！

所以说，无论家里还是街上，只要是他们看到的，总让人赞叹不已，“哇，发现了一个好地方呢！”

晴天的窗边、围墙上、屋顶上，光影浮动时就移动到温暖的地方，或是钻入小小的空间。仿佛全身装满雷达，时不时就移动到舒服的地方。

因此，不管家里还是街上，只要是他们愿意度日的地方，也定是能拨动设计师心弦的地方。

相反，成年人是动不动就用大脑思考的生物。几米、几张榻榻米之类表示宽度和高度的数字，以及几间房等，大人们总被这些概念所束缚。然而实际上，体感和数字有很大的区别。

那种情形下，不如试试看用孩子和猫咪的情绪，在设计图中来回徘徊。会发生什么呢？一幕幕场景在我眼前浮现，肯定会出现一个属于自己的舒适的家。

左页 / 趴在纵深的窗台上向外眺望。这是只有孩子才能进入的空间。（坂田先生的家）

左上 / 坐在房檐上的孩子。景色宜人，稍微有点儿危险但很受欢迎的场所。（ISANA）
左下 / 阳光很好的浴池边，猫咪午睡的最佳场所。（井上先生的家）
右上 / 由踏板组成的楼梯，被孩子们当作椅子和书桌玩乐。（三轮先生的家）
右下 / 趴在被阳光照得很温暖的甲板上。（中岛先生的家）

20 高差能拉近距离，色差会造成疏离

和孩子们一起上街时，每次看到能爬上去的小坡，他们就跃跃欲试，导致无法顺利前行。最终，毫无疑问，都是以同样的模式跳下来或猛扑过去。

有时候我也能理解，那或许是孩子们想要接近大人的视线和高度、表达诉求的一种方式。和孩子处于同一水平面时，一方要向下看，一方则向上看，这种关系是不会变的。在家里同样，当然你可以蹲下来，但终归是不自然的姿势，也无法保持很久。

如果像街上那般，家里也有一些能坐下来小憩的高低错落处，彼此就能以自然的姿势四目相对了。

同时，略微的颜色差异，即便只有一墙之隔，也能制造出“那边”和“这边”两个不同的世界。

高差能拉近距离，色差会造成疏离。即使微不足道的小细节，也能让关系变得更亲密，或更疏远。

21 屋顶上是“家的街道”

所谓建造房屋，肯定会有屋顶。最近，我一边做着设计，一边思考，尽管屋顶有各种各样的倾斜程度，但无论如何也爬不上去的屋顶真的好吗？

说起来，我自己小时候常常从二楼的窗户爬到屋顶上，偷偷摸摸和朋友打电话。虽说在屋顶上一览无遗，我却有种来到家外面的感觉。无论如何也忘不了自己当时那

种自豪的神情。

我小时候很喜欢爬到屋顶上。也许是轻微的紧张刺激感，让孩子产生自己可以独当一面的错觉？虽说在屋顶上跟在家里没两样，不知怎么的，总有种仿佛来到街上的不可思议之感。就算成年人，爬上屋顶后，也会有整个街区尽收眼底的感觉。

即使同等高度，在被扶手包围的阳台上和在屋顶上，感受全然不同，这一点值得玩味。

周围是鳞次栉比的房屋，置身其中，有种自己也切身参与了的实感。从某种意义上来说，屋顶上，也许就是“家的街道”。

尽管是个奇怪的词语——家的街道。

左页 / 能看到樱花大道的特等座位。恰好的倾斜角是重点。（hitotunagari 之家）

下 / 像山峦般绵延的屋顶。（竹安先生的家）

上 / 孩子们也能轻松爬上去的屋顶，修缮和保养是重点。（坂巻先生的家）
右 / 太田代先生的家，二层建筑的屋顶、平层的屋顶、相邻的屋顶，全都能爬上去。从屋顶上能看到远方的海。

世界是由孩子们连接起来的

世界是由孩子们连接起来的。

跟着孩子们，我们才能前行。

世界是由孩子们连接起来的。

跟着孩子们，我们才能前行。

橡子滚啊滚，橡子宝宝。

橡子滚啊滚，橡子的宝宝。

建筑师什么的，其实一点忙也帮不上啊。

第三章

大风刮来个聚宝盆

没有什么地方比浴室更能让夫妻意见不一了。

一般来说，设计房子时，男人会对浴室抱有罗曼蒂克的幻想，而女人只关心是否方便打扫。诚然，意见总会相左，但有趣的是，两人达成一致的情况也几乎没有。

既有对浴室完全没兴趣的夫妻，也有为了浴室而建造新家的极端夫妻。

“休息日要泡好几次澡。”有这样的人。

“一年都泡不了几回澡，根本不需要浴缸。”这样的家庭也不少。

仔细观察后我发现，大家洗澡的方式千差万别。

我从小时候起，就属于坐在椅子上洗澡的那一派，还以为所有人都一样。然而，居然有人家说“从来没想过坐着洗澡”，我差点儿就准备坐到镜子面前，去调整恰当的高度了。

再者，就是把所有的灯关掉，在黑暗中泡澡啦，或者一边眺望夜空一边泡澡，等等。本以为男性会更倾向于大窗户，结果有案例却是妻子想要大窗户，而丈夫忙着说“不要不要”来制止。

类似的例子举不胜举，而浴室的有趣之处就在于，它将不同的价值观表面化了。

我听说有很多设计师，索性直接按照“浴室即整体卫生间”来定方案，原来如此啊！因为在这个最难达成一致的问题上，要跟夫妻俩一一磋商，实在太麻烦了。

确实，把浴室同住宅分开考虑的做法才是明智的。浴室的使用时间和用途都有限制：在里面要裸身所以冬天会很冷；常常浸水所以对防水性有要求。而且它是接近密室的封闭空间，湿答答的话容易长霉菌。诸如此类，列举出来的全是缺点。正因为是每天使用的空间，压力才更容易在里面表露无遗。

日本的浴室拥有多种奇异功能，同样，日本人对浴室周边产品的开发也倾注了无限热情。

重要的是，浴室作为密闭空间可以单独售卖，更容易成为商品。举个例子，不论多大的房子，通常都采用 3.3 平方米左右的浴室，与之相反，不管多小的住房，浴室也没法缩小到极端。

设计师只要委托给制造商，“请根据你的喜好来选择”，这种作战策略无疑是最省力的。

而我却反其道而行之，千方百计想创造出一个叫作“风吕[1]”的空间。尤其小型住宅，有风吕的话当然更好，但对于浴室在非入浴时段的考量也很重要。

包括更衣间在内，我试着将生活中的动线、视线，以及通风路径巧妙结合在一起。每天满负荷运转的浴室，也能够占据日常生活的中心。

如果能把家变成私人温泉一样的地方，那么它自然会明亮起来，通风也更好。

有俗话说：大风刮来个聚宝盆。

若浴室常有风吹过，家也会变得更加美好，这一点毋庸置疑。

1 风吕：特指泡澡的澡盆，但不完全等同于浴缸。在日本的文化语境中，入浴时，需要先淋浴冲洗干净身体，再进入澡盆泡着。

22 拥有浴缸的阳台

本间先生家占地 100 平方米，建筑面积也是 100 平方米 ，四口之家一起生活。某种意义上，属于标准的大型都市住宅。

“无论如何都想放这个浴缸。”对方要求道。那是一个超过 1.82 平方米大小的外置型卵形浴缸。我认为跟 100 平方米的房子不太搭，但人家丝毫没有要放弃的意思。

为确保宽敞的浴室空间，我准备将它放在阳台。仔细想一想，浴缸之所以是浴缸，只有在入浴的时候，其余时间就不再是“浴室”了。

“拥有浴缸的阳台”这一方案如果可行，既不会造成浪费，在入浴以外的时段也有利用价值，简直是一石二鸟。

这样建成后的“浴室阳台”，还给北侧一楼的餐厅带去了充足阳光。

为安放大浴缸而想出来的方案，实际上却让家中变得更明亮，通风效果也更好了。

左页 / 这间浴室，仿佛像在宽敞的阳台上放置了浴缸一样。空间两用，能让小小的家也拥有优雅气质。

上 / 南面的浴室阳台，可以越过中庭，将光照传递到一楼北侧。最棒的空间里就算什么也不做，也能给屋子带来舒适感。

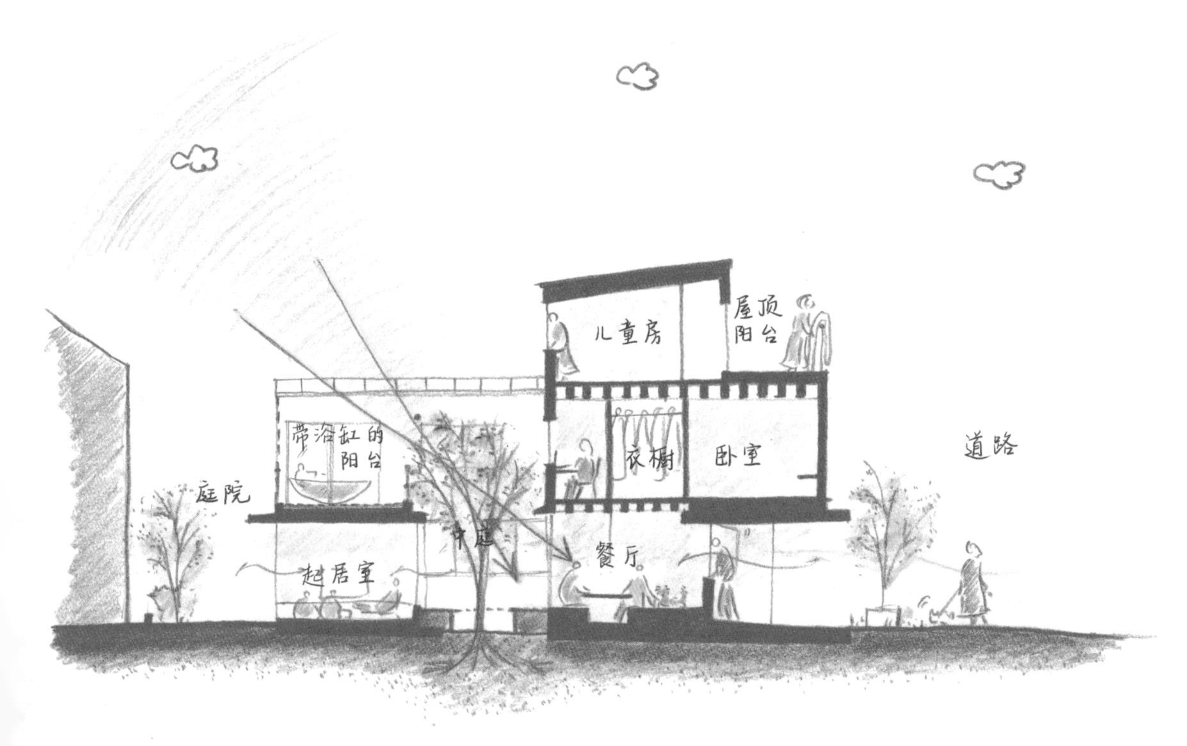

23 阳台、浴室和野餐

和田家的浴室，需要穿过外阳台抵达。

完成前，父亲就发表了浴室占领宣言:“等房子造好了，我要一直待在阳台和浴室里。”

“在更衣室里留出冰啤酒的冷藏空间，拜托了。”

“我们家可以打伞去浴室呢！”

和田一家人素来喜欢室外活动，这间浴室简直为他们量身定制。

从起居室到浴室，小跑只需要 7 步，小跑的距离感也许才是重点。晴天，在阳台上享受刚出浴时的快感；下小雨的日子，那就快步走过去；下大雨就撑伞。

去浴室是每日必做的事，因此日常生活就不会只被局限在屋里，而一旦有了外出的行为，便很容易呼吸到外面的新鲜空气，感受四季变迁。

当我们深入去探究惬意这种感觉时，就会发现，不在屋内度过全部日常生活，这一点格外重要。

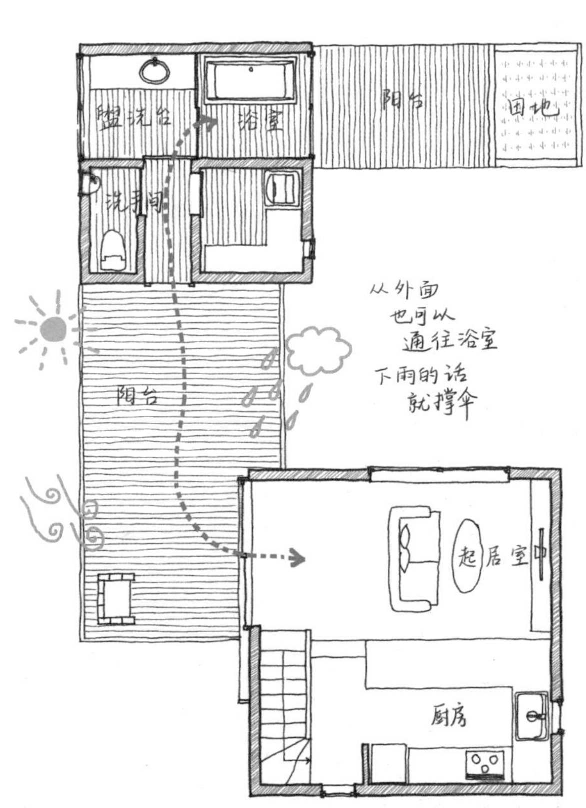

左页 / 把浴缸嵌入宽敞阳台中的浴室。

上左 / 把中庭和阳台夹在中间的两栋式建筑，非常优雅。

上右 / 阳台既是生活的动线，也是进行户外烧烤的空间。

24 接近天空的浴室

三轮先生家的浴室面朝绿化带，尽管有眺望绿地的窗户，但天花板的一部分也做成了玻璃。

机会难得，比起所谓的天窗，我想把天花板设计成裂开的一个大窟窿，瓷砖延伸到最上面，几乎看不见窗框，给人一种仿佛在室外的感觉。

绿化带一侧被阳台包围，从那里还可以爬上屋顶。去屋顶的动线，能够将浴室和更衣室连起来用，非常推荐。同时还能作为出浴后使用的空间，以及每天晾衣服的动线。

常常被逼入住宅死角的浴室，也能成为许多场所的中心。采用这种方案，会得到相辅相成的效果。

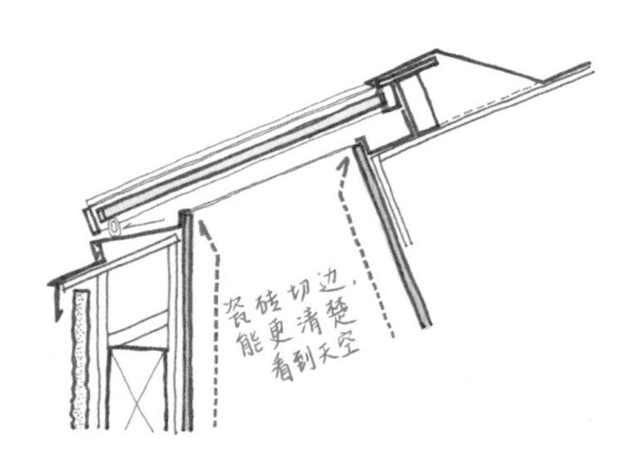

左页 / 没有窗框的天窗。一边泡澡一边仰望天空。

左上 / 稍微花点儿心思，让窗框不可见，于是便有了更接近天空的感觉。
右上 / 不仅是天窗，同时也开了大窗户来借隔壁的景色。
左下 / 把容易引来人们视线的地方隐藏起来，只留出想看的风景。其次，作为家务动线，用水区域和阳台相邻，也相当方便。
右下 / 设计了可以将浴室包围起来的阳台。

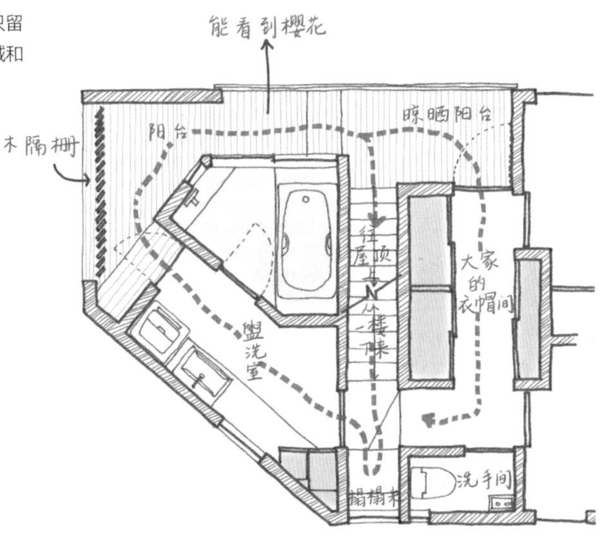

25 浴室带来丰富多彩的生活空间

以阳台为中心的小川先生家，将二楼浴室兼用作阳台的出入口，同时也是晾晒衣服的出入口。而外面玩回来脏兮兮的孩子们，从阳台就能直接进入浴室。

我觉得优点在于，就算不用浴室的时候，它仍然可以派上用场。这种考量还体现在盥洗室和浴室之间的隔门上面。盥洗室面向通往卧室的通道，将镜子做成活动隔门，打开之后，阳光和微风就会穿过浴室来到阳台。

浴室通风良好是一方面，在浴室不使用的时间里，通道成为和阳台相连的空间。

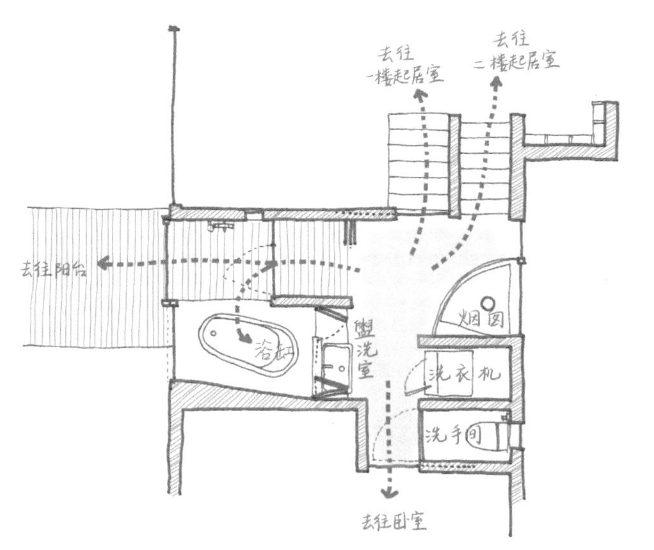

再加上通道里有一根从一楼暖炉伸上来的烟囱，盥洗室冬天也会很暖和。

将用水区域置于生活动线的中心，维持它与其他日常行为之间的连续性。没想到意外的收获是：创造出了丰富多彩的生活空间。

左页 / 打开盥洗室的镜面折窗，同浴室相连。

左上 / 用水区域的平面图。兼具浴室、盥洗室和走廊的功能。

右上 / 从盥洗室这边打开折窗，看到浴室。作为走廊的一部分，比封闭式的盥洗室更美观。

左下 / 打开浴室的门就是阳台。

右下 / 从阳台看向浴室。里面是柴火暖炉突起的烟囱，冬天也让盥洗室暖烘烘的。

26 在浴室里开始一场冒险

浴室和盥洗室是每天都要使用的地方。

舒服、容易打扫这些自然不用多说，人们还有其他的讲究。实际上，用水区域最能表现出人们对家的要求。有拘泥于浴缸的人，也有执着于淋浴的人，但如果剔除掉功能性的东西，仅从空间上来说，浴室也需要跟其他房间分开来考虑。

索性就同日常生活割裂，把浴室看作全新的空间，或许在家就能实现自己最大的冒险心哦!

27 带着游戏之心装饰浴室

对 Matthews 先生一家人来说，比起功能上的“入浴空间”，浴室更像是“让人放松的房间”。

作为一个很爱日式文化的美国人，他想通过空间的打造和素材的选择，创造出日式的氛围。浴缸嵌入地板，并用桧木镶边，周围铺上碎石，里面则放了一个用自然石做的凳子。

尽管如此，Matthews 的生活习惯还是美式的。入住后，他却说:“几乎没怎么用过浴缸。”

“喜欢和实用，两者都是必要的。”这是很棒的价值观。

盥洗室同浴池之间缓缓隔开，并保持连续感。庭院由夫人亲手打理，仍在进行中。我去拜访的时候，各种各样的创作素材都堆在那里，十分有趣。

说起浴室，那必须是富士山啊！而且，他们之前居住的地方可以从静冈一侧看到富士山，于是我便在现场墙壁上描绘了富士山。

带着一丝游戏之心去装饰浴室，实在很愉快！

左 / 从盥洗室入口看，右侧是卧室。

右页 / 与庭院相连的和洋折中式浴室，庭院还在素材制作中。

28 浴室是通往屋顶的入口

城市住宅的设计中，我意外地发现，很多人提出了“想要屋顶平台”的要求。然而，房子完成多年后，却常常听说，“实际上没怎么用过。”

因此，最近我在做方案的时候，尽量会设计用水区域和屋顶平台相互关联的动线。

浴室每天都要使用，洗漱和洗衣也是日日要做的事。即使生活再忙碌，也不会忘记屋顶平台的存在，还能发挥各种作用。

左页 / 有面向小中庭的落地窗，最里面能看到通往屋顶平台的楼梯。（hitotunagari 之家）

左上 / 屋顶平台的出浴休憩处。眺望远方树木，等待黄昏降临的场所。（饭岛先生的家）
左中 / 连接浴室和屋顶平台的楼梯。（饭岛先生的家）
右下 / 在难以拥有大院子的城市里，倘若爬上屋顶平台，也能看到宽广的天空。（井上先生的家）

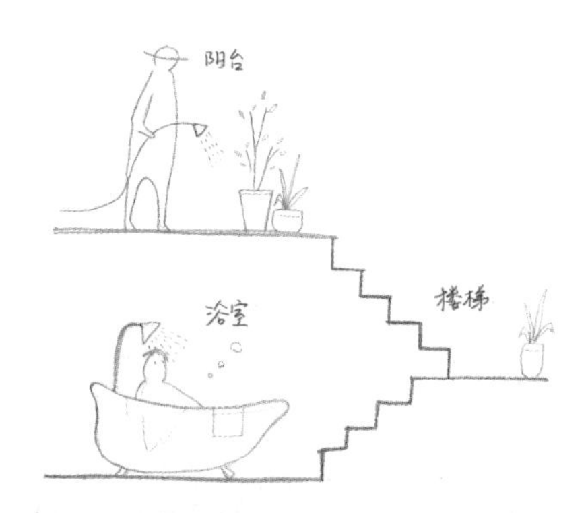

29 房子再小，浴缸也不能少

很遗憾，不管房子多小，浴缸是无法缩小的。

饭岛先生家的占地面积约为 15 平方米，建筑面积 30 平方米，非常非常小。

因此，如果要做成 3.3 平方米大小的普通浴室和盥洗室，根本行不通。

相反，饭岛先生自称比谁都喜欢泡澡。于是我只能使出苦肉计，将浴缸纵向放置，兼用作洗东西的地方；另一方面，将卧室和墙壁的涂装保持统一，让浴室看起来宛如卧室的一个角落。

木制天花板同样跟卧室相连，成为一个开间。自然就没有洗东西的区域了。

我发现，通过反复思考“小”这个概念，把重点放在必要功能和大小尺寸上面，最终导向的结论是“消除隔阂”。

当然，我也在饭岛先生家的浴室里泡过澡，感觉有点儿像是在奢侈的商务套房泡澡啊！

左页 / 饭岛先生一天要泡好几次澡。营造一个小而优雅的空间十分重要：里侧墙壁的其中一面贴上马赛克，阳光通过纵向狭窗透进来，闪闪发光；地板是船甲板式的；内墙和外墙使用同样的材质，更能给人一种在室外的感觉。

上 / 从浴缸看卧室。
下 / 饭岛先生家的平面图。

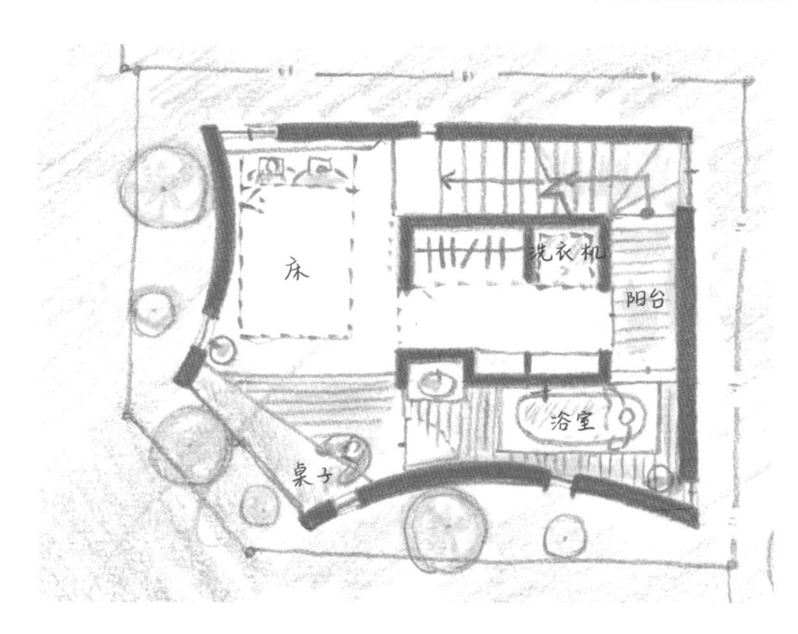

30 让洗手间成为家的奇异空间

中学时代，青春期的女孩子们不好意思开口说去洗手间（WC），便创造了各种隐语。仅仅是洗手间而已，听起来像什么秘密组织。

尽管洗手间有很多类型，但我觉得，马桶还是白色看起来最卫生和清爽。洗手间也是特别容易弄脏的地方，全白的地板和墙壁最初看起来很棒，慢慢就会变成轻微脏污、不干净的空间。

所以我一定要说，在设计洗手间时，建议采用对比强烈的配色和花样好看的墙纸。这样的话，白色马桶在里面会显得格外好看和醒目。

尽管每天都要上厕所，但它很容易被当成“没有要求，怎样都行”的小空间。倘若用意想不到的颜色和花纹，将洗手间装饰成奇异空间，就会像香料一样，给你的家增添一番美好的纵深感。

GRACE'S

第四章

用颜色和质感打造能自由触摸的家

“我们家的墙壁，用什么颜色比较好啊？”

近来，以“色彩丰富的家”为前提来找我商谈的情况与日俱增，而非我单方面推荐。导致我都没机会特地向对方说明“用颜色的理由”。

实际上，在我刚开始独立做设计时，也认为纯白色空间是最棒的。因此，与其说用颜色的理由，倒不如把为何不用白色的理由讲清楚来得更好。

我独立出来的时候，杂志上刊登的人气之家，几乎都是纯白色的。房屋主人大多是这样要求的，我也认为那样很好看。

在房屋竣工前的内部参观会上，通常主人会带一大家子来参观，小孩也来了很多。孩子们对于新家的氛围感到兴奋不已，到处跑，一边触摸墙壁一边走。

紧接着，就听到家长们此起彼伏的训斥声，“喂，新房子不能随便摸，会弄脏的！”连我也无意识中对自己孩子说了同样的话，“你看，因为这是新房子。”我至今都不会忘记，甚至连房主也对自己的孩子说，“你们看，是新房子哦！”

“我在做的事情到底是什么啊？”这个疑问在我心中一天天变强烈。明明是每天想要来回抚摸的可爱的家，却稀里糊涂变成了“不可触碰的家”。

好不容易建好的家，我希望你不要介意少许伤痕和污渍，优哉游哉度日；更希望它成为自由激发孩子想象力的地方。如果反而使人感到不自由，那就本末倒置了。因此，若最初就采用适当的素材和颜色，令人察觉不到污渍和伤痕，岂不是更好？这样的话，就算孩子们随意触碰自己家，也不会惹怒他人，父母应该也会更放松。

实际上，虽然这种意识还在萌芽阶段，但也催生了许多令人愉悦的副产品。现实生活，并非如此地有统一感，你会冲动消费，也会随波逐流。即使一家人，喜好也各有不同，既有努力攒钱买下的漂亮家具，也有来自超市和百元店的玩具，五花八门的东西应有尽有，这才是寻常的生活。根本不可能有从头到尾保持一致的生活存在。

搬家的同时，也会把如此普通、杂乱的生活带入新房子。然而在纯白色、闪闪发光的空间里，原本生活中的用品，却仿佛失去了存在感。

不可思议的是，同样杂七杂八的日常用品，若放在粗粝不平的材质和参差不同的深色搭配前，却产生了灵动活泼的感觉。

即使孩子们浮夸的玩具，也能在强烈的配色和有质感的素材面前显得生动起来，就好像找到了自己的归属地。

因此，最近我们家纯白色的东西，大概就只剩下马桶和浴缸了。内部参观会上，依然有很多小孩子到来，但现在大家可以安心地到处看了。大人们也比平常显得更心胸开阔，实在不可思议。

是好是坏，答案都来自孩子们。

本页 / 昏暗的楼梯间，视线方向的墙壁漆成朱红色。（Asa 先生的家）

右页左上 / 每个房间都是不同的世界。（池田先生的家）
右页右上 / 平时关起来的门，打开后能看到涂装和墙纸相连接。（太田代先生的家）

31 五彩缤纷的世界

色彩的变化，能在小小的家里，创造出“那里和这里”的感觉。

不同房间采用不同的颜色和质感，既能产生纵深感，有时也能感受到开放感和包围感。越小的居住空间，色彩的选择越重要。

“啊，全部弄成白色的话很省心……”时不时我就会考虑到房屋的色彩问题，这正是该项工作的重要意义。

既然那么重要，有没有章法可依呢？事实上并没有。只要自己喜欢这种颜色不就行了吗？而这份愉悦感，也正是色彩最棒的地方。

回想起房主和街区，情绪莫名变得十分浮躁，那就顺其自然吧。

天气、光照程度都会改变人的表情，一时兴起使用的颜色和素材，应该也能被宽容吧，“不要对事事都那么紧张，人也好，建筑也好，就是那样的东西嘛……”

我想，身穿便服时的生活和表情，在颜色和质感面前，或许会看起来更美丽吧！

那么，就前往色彩缤纷的世界吧！

32 比起光洁，还是粗粝更好

比起光洁，还是粗粝更好。比起均匀，还是零散更好。

然后是斑驳。有浊音和斑驳感的素材，能将日常光影变化用丰富的表现承接住。

人也是同样。比方说，和表情丰富的人在一起时，不知怎么自己也会感到幸福。

当你遇到这样的人时，对方能察觉到你正在担心的细枝末节，有时候着实吓一跳。

建筑不是同样的道理吗？被这些素材包围的时候，我们的情感也会变得更宽容。当孩子们把汗津津的手垢和色斑沾到墙壁上，不如就当作是日常生活的风味好了，“这个……怎么说呢，也不错，挺有味道的。”

左页 / 粉刷墙壁时嵌在里面的叶子。本来是要拿掉的，现在准备让它放到自然脱落为止。（山崎先生的家）

左上 / 开口部分的粗粝感和内部的斑驳感，令人印象深刻的卧室。（新先生的家）

左下 / 走廊上的大谷石。粗糙的质感酝酿出室外的感觉。（坂本先生的家）

右下 / 贴上三种颜色的和纸，有着温柔的触感。和纸由手作和纸职人 Hatano Wataru 先生提供。（小田原先生的家）

33 颜色的名字和故事

遇到 PORTER'S PAINTS 涂料公司之后，以此为契机，我开始在设计中使用多种颜色。

他们的涂料颜色以及表现力的丰富性都极具魅力，特别之处是会给颜色取各种各样的名字。举例来说，La vie en rose，即“玫瑰人生”。因为是女孩子的房间，“叫玫瑰人生，不是很好吗？”夫人一句话就决定了，big sky 则直接取名为“大空”。

给洗手间选的是 Roma Holiday，即“罗马假日”。喜欢满世界旅行的丈夫的房间，就用 Seven Seas（七大洋）来命名。这样一来，脑海中瞬间就有了具体形象。

一旦取好名字，颜色就会给人很有故事的感觉，突然便对它产生了留恋之情。实际上，日本颜色的名字也有各种各样的意义。银鼠色、若草色、钝色、明黄色。只有当颜色被赋予了名字，故事才能同生活紧紧相连，成为大家共同拥有的东西。

顺便说一下，虽然关于颜色我每次都会提案，但基本上都被驳回了。

凭借那些故事，我们得以享受和多种颜色的相遇，仅此而已。

左页 / 书房的黄色墙壁。FRENCH WASH/ PING with ROMAN OCHRE。（岛冈先生的家）

左上 / 缝纫房的蓝色墙壁。INTERNO LIME WASH/ SEVEN SEAS。（长谷川先生的家）

左中 / 客房的黄色墙壁。FRENCH WASH COARSE/ OLD CHURCH WHITE with GELANTI。（田口先生的家）

左下 / 洗手间和儿童房的墙壁用不同颜色，STONE PAINT COARSE 的 MONKEY MAGIC 和 AMULET。（平部先生的家）

右上 / 和室的朱色墙壁。STONE PAINT COARSE/RED BANK。（宗次先生的家）

右下 / 卧室的蓝灰色墙壁。FRENCH WASH/ PING with ROMAN OCHRE。（Matthews 先生的家）

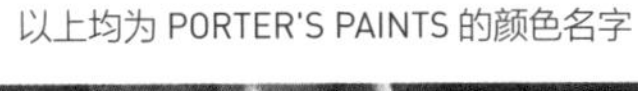

以上均为 PORTER'S PAINTS 的颜色名字

34 日常生活的颜色就是家的风景

家里横七竖八堆着无数“普通”和“日常”的生活。被扔在地上的双肩背包、校服和布偶玩具；看到一半的漫画书、要洗的衣服和购物袋。日常生活中的风景，一直处于进行时。

我很喜欢放置五花八门杂物的空间，也可被称作生活的轨迹。会给我一种“有人在这里好好地生活啊”这样的心情。也许正是这些生活轨迹，让一个房子变得“很像那个人、很像那一家人”吧！

所以我觉得，每一家人的房子，都应该保持“与他们相衬”的样子，不做多余装饰，有绝妙的生动感就行了。不可思议的是，鲜艳的色彩和质感，能够自然承接住那种“相衬”，将其变得更富有魅力。

事实上，原本白色的东西，反而在这种环境下变得更加美丽和醒目，实在难以想象。

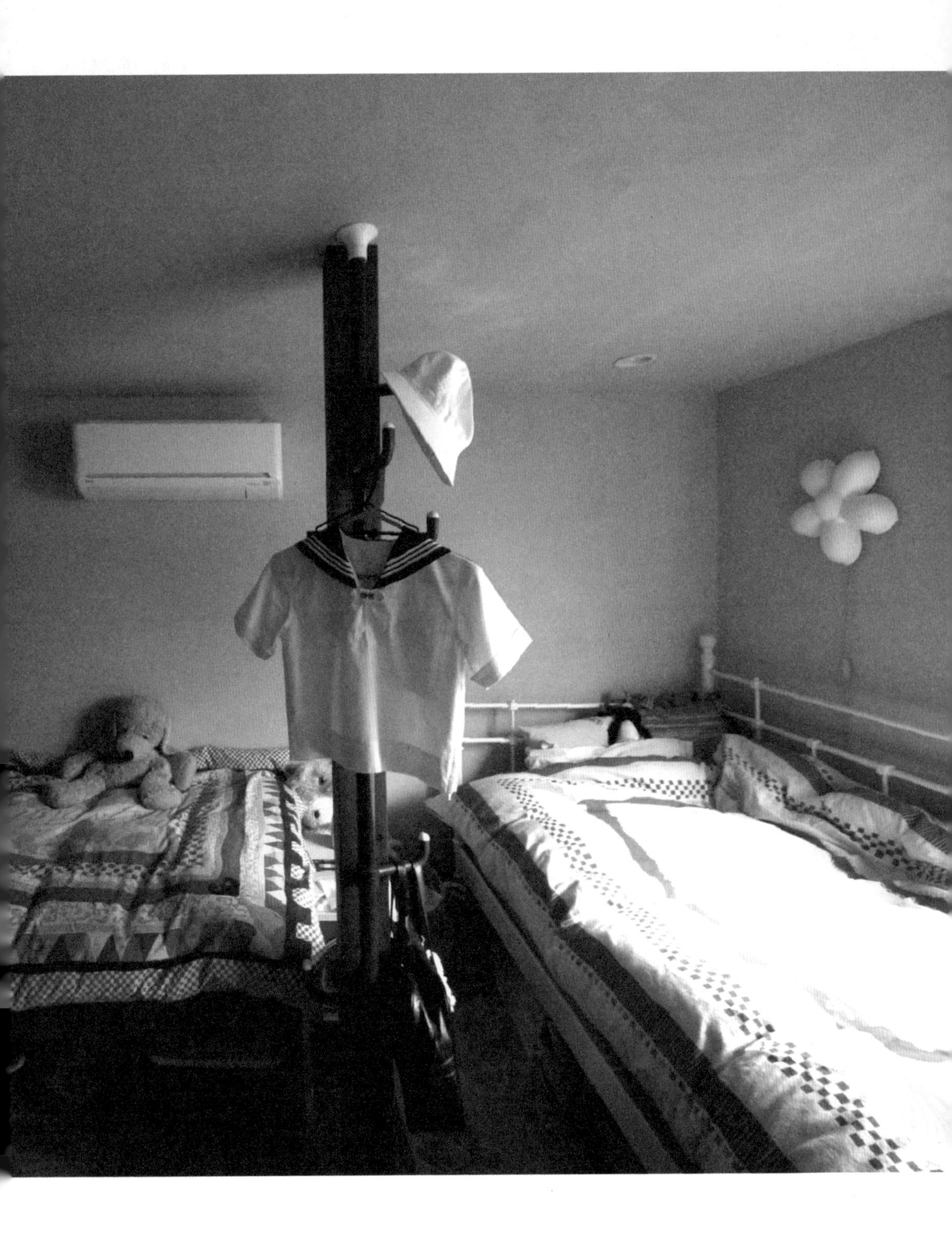

35 手掌大小的马赛克

不管多小的房子，跟人相比都是巨大的存在。与此相对，大多数生活用品是由人搬进去的，都是可装进袋子的大小。

所以说，如果将那些手掌大小的素材和设施，放少许到建筑中，便很容易对建筑产生亲近感；而你带进去的生活用品，也将不可思议地同空间融合在一起。

正是这样，手掌大小的马赛克，起到了大建筑和小生活之间的调节。比方说，小瓷砖和小张和纸的装饰，还有叶子，也被称作“悄悄融入建筑的小型马赛克”。

小尺寸的东西，谁都可以粘贴、填埋、制作，我想这也是魅力所在。

唯一美中不足之处，就是在那种情况下，工匠会朝对我发火，“又来……增加我的工作量！”

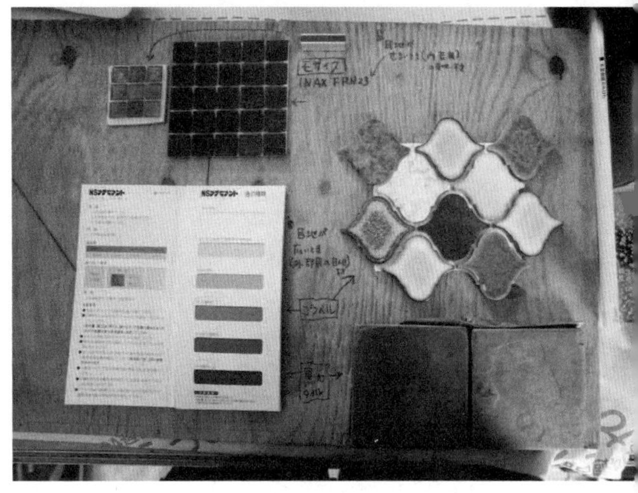

左页 / 选择马赛克瓷砖。实际上，到现场对照墙壁后才能敲定。（墨田的家）

左上 · 左下 · 右下 / 和纸职人 Hatano Wataru，坚持制作和粘贴同房屋相衬的和纸，颜色也很鲜艳。

右上 / 已经定下来的素材。

上 / 大块墙壁上，用少许装饰点缀。贴上鸟和叶子形状的浮雕。（岛冈先生的家）

下 / 吧台使用的瓷砖，也可以贴在地板上。（安藤先生的家）

36 像对待衣服内衬一样选择色彩和花纹

最开始，为房子选择色彩和花纹是很需要勇气的。包包和 T 恤的话还好说，但毕竟是又贵又大的房子。那种情况下，我建议你试着根据内衬来选择。

打个比方，穿鲜红色的夹克衫需要勇气，但偶尔会瞥到一眼的内衬，用上亮丽的颜色和花样则更美观，给人高档的感觉。就算在别人看不到的地方，内心也会有点儿激动。

家里能被称作“内衬”的地方有哪些呢？比如单间、洗手间、储藏室之类的封闭房间。封闭式房间的话，几乎跟其他空间没有关联，尽管大胆选择就好。

我们大多倾向于只做一面彩色墙，但是房间被色彩和花纹包围的做法，能增添家中的纵深感。至于那样的小房间，可尽情选择有花纹的墙纸。

颜色丰富多彩的墙壁，多层重叠起来。木质基底部分采用沉稳的色彩搭配。（池田先生的家）

那么，需要使用多种颜色和花纹的情况下，请注意一个要点：作为基底的墙壁和地板，尽量选择比纯白稍稍暗一些的颜色。

白色和彩色的组合，容易给人嘈杂的印象；如果将暗色系作为家中主基调，无论同什么颜色搭配都意外地和谐，一点儿也不孩子气。从前日本人的家里光线微暗，但你也能感受到荫翳深处的色彩。

隐藏在平静状态下色彩斑斓的小房间，会给人一点儿生机勃勃的感觉吧？

左页 / 从老式隔扇的缝隙中能看到朱色的空间。左边是洗手间。（新先生的家）

左上 / 磨砂玻璃背后的世界。（宗次先生的家）

左下 / 一下被吸引眼球的绿色和室。（小熊先生的家）

右下 / 阳光照在带花纹的墙纸上。（佐藤先生的家）

37 创造让感官舒适的居室氛围

去感受一下“上上下下仔细打量”这件事。

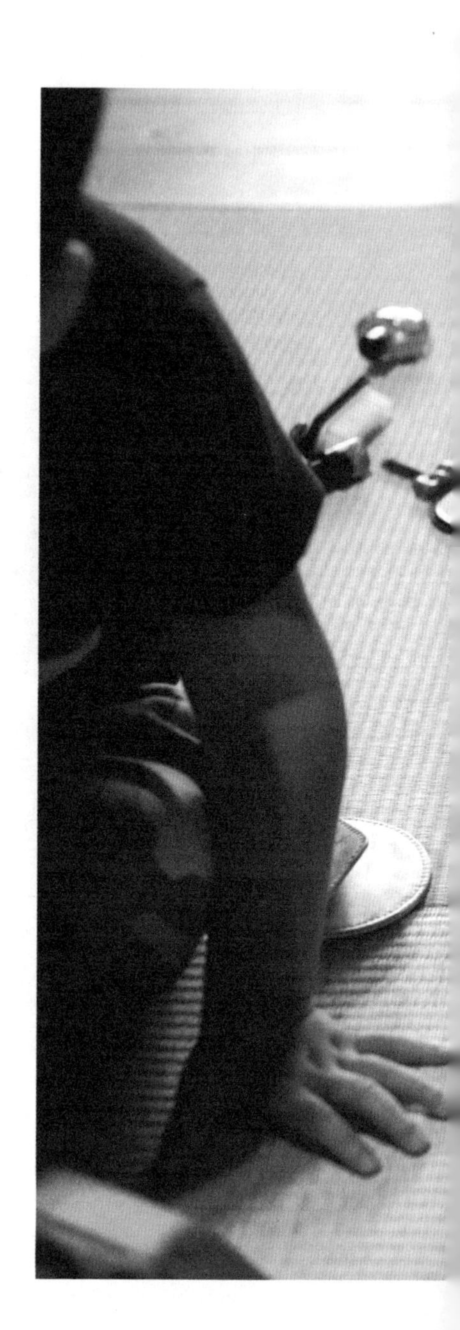

学生时期，我在读解剖学者三木成夫先生的书时体会到，从我们婴儿时期起，就开始用视线去体验、感受物品的本质了。也就是说，既不用舌头也不伸手，在无意识的情况下，调动五感来感触物体和空间。

在我们生活的日常空间中，采用手感和脚感好的素材非常重要，但视线的触感也同样重要。

同样，我们肯定也会用鼻子去接触、用耳朵来接触。木材的味道、土地的味道、蝉的叫声、叶子的声音，从脚底板传来的材质的温暖感或冰凉感。

我想，把这些统统加在一起，便会产生“好舒服啊”“是夏天呢”“好想睡觉”“还想待在这儿”等感觉。

正是“好的感觉等于好心情”，最终创造出触动人心弦的氛围。

38 爱上家的未完成状态

只要去施工现场就一定会得的病，那便是“就这样也很好”症候群。

参加上梁仪式时候，我总忍不住要开口问：“哇，木框架不管看多少次，还是那么雄伟壮观啊！还能看到天空，那个……屋顶还要加吗？”

每当看到混凝土上还留着没拆的木头模型时，心里就会想：就这样别拆下来也挺好的。这样可以保护钢筋混凝土结构，过十年左右再拆下来不也挺好？

涂墙的木摺[1]墙底做好之后，“可以的话，先这样住个两三年。中途要是觉得厌倦了，再进行收尾工作怎么样？”

1 木摺：建筑用语，指用薄且小的木条、间隔1厘米左右钉起来，做成墙底。

共同点是它们都处于未完成状态。从现在开始的生活并不会完成，房子也一样，总有某处像进行中的施工现场般，带有粗糙的坚韧感，这充分激发了孩子们的想象力，也让家之所以成为家。

以前，在经历许多类似事情后，我还觉得总有一天这种想法会被纠正。不料，根本没有治愈的希望，“就这样也很好”症候群倒是越来越严重了。

左页 / 圆形开口部分的墙底。粉刷之后就看不到了，等间距钉上去的木摺相当美丽。（渡边先生的家）

左上 / 骨架和屋顶。被墙壁覆盖前是最为惬意的空间。（竹安先生的家）

左下 / 灌入混凝土之前的构造。（佐藤先生的家）

右上 / 上梁途中。身手敏捷地爬上去、在梁上来回走动的屋主。（小川先生的家）

右下 / 粉刷工作之前的木摺，就这样也不错啊。（鹫巢先生的家）

39 到哪里才算完成

到哪里为止是完成，哪里为止是未完成?

到哪里为止是街道，哪里为止是家?

到哪里为止是孩子，哪里为止是大人?

到哪里为止是预先经过设计的，哪里为止是后面带进去的?

到哪里为止是高明，哪里为止是笨拙?

到哪里为止是新，哪里为止是旧?

像这样各种各样的事情，乱七八糟混在一起，已经是怎样都无所谓了。只不过，一旦混杂起来，就不会终止了。所谓不会终止，即一直会持续下去。

一直是尚未完成的中途状态，无限重复。

おたんじょうび
おめでとう!

C
DID
BOYER BRANSDEN
ELECTRONIC

第五章

是你的生活让房子变成了家

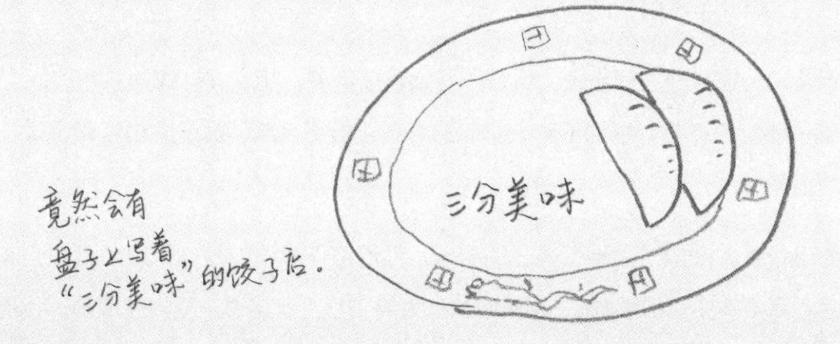

家附近的连锁饺子店开张时，我去店里吃东西，吃完后发现盘子底部写着“三分美味”的文字。作为广告词未免也太谦虚了，那么，我们设计的房子如何呢？我开始思考这个问题。

和其他建筑师的设计相比，不知算有几成的舒适感。但至少我们设计的房子，主要来自屋主人的贡献与支持。事到如今，我更加深刻地认识到这一点。

“屋主人的贡献占八成，建筑师的设计占两成”，可以这么说吧？

截至最近，我设计的房子刚好超过 100 间。回过头看时，连自己都吓了一跳，每一间房子截然不同。按照这个步调走下去，数量若能达到 1000 间左右，可能都不会重样吧！但在我内心某处却深深确信，即便如此，肯定也不会出现一模一样的房子。

理由是，这里的“截然不同”，并非我的个性或其他什么使然，而是和全然不同的“100 个家庭”及“100 种类型的地基”邂逅的结果。一开始或许有少许相似感，但深入交流下去，就完全不同了。

实话实说，在整个过程当中，尽管一开始自信满满，“哦，这样做绝对没错！”结果却抱着“还差一点儿，感觉不对……”的心态，最终完成了房子的施工和设计，这样的情况很多见。

作为设计者，好像一副事不关己的姿态。然而不可思议的是，采用后者的心态完成房子后，竟会产生这般感触，“果然如此！太棒了！（老实说，直到完成前，我仍持反对意见）。下一次就继续模仿这样进行吧！”

“仅凭一人的经验和想象力去思考，终究能力有限。”就是这个道理。

当然，我的想象力至今仍有不足，“啊，没有没有，绝对没有。也就是在这里说说的话而已……”我时常也会这样想。

然而现在，却能够乐观面对“但是，稍等一下……”的状态。

我个人的好坏基准，老实说并非什么大问题。更重要的是，和屋主人一起，遇见我自己无论如何也没法想象的美好未来。

这份激动人心的感觉，会成为我源源不断的精神力量。

所谓“利用他人，达到自己的目的”，可能说的就是我了吧。

善福寺川緑地
二人と一匹が

40 制作一本要点笔记

在开始设计之前，我要拜托屋主人一家做一件事，那就是制作一本“要点笔记”。

不知从什么时候起，我给这本笔记取了以上名字，“难以解释清楚，反正，就是很喜欢……”

为了了解屋主人一家很难用语言描述的“特点”，我将杂志和照片剪下来贴到笔记本上，做成一份剪报作为示例。和生活有关的任何东西放上去都可以，建筑以外的事情往往显得格外重要！

喜欢的音乐、喜欢的衣服、喜欢的餐具，以前旅行时看到的风景、最近在期待的事物、兴趣、阅读爱好、现在开始想挑战的事情，等等。出乎意料的是，那些曾经讨厌的东西也很重要。

尤其在这个数码时代，亲手制作、粘贴的剪报，才是关键所在。虽然操作起来有点儿麻烦，但对我们来说，这本笔记，却是在需要做各种决定时的重要度量尺。

无论怎样的设计，最初都是从画草图、描绘美好梦境开始的。然而实际上，设计工作的主要特征是具备信息处理的强大能力。画平面图给现场、商讨构造、核查法令、调整报价，还有设备计划、隔热计划、防水处理等，一次次地重复这些操作。

常常会在不知不觉中，离一开始描绘的图景越来越远。那种情况下，可以随时拿出笔记来看看，“建造这个家的初衷是什么？”

某种意义上来说，如果把建造家的过程比作大航海，那么要点笔记就像指南针，在这个过程中，笔记扮演了非常重要的角色。

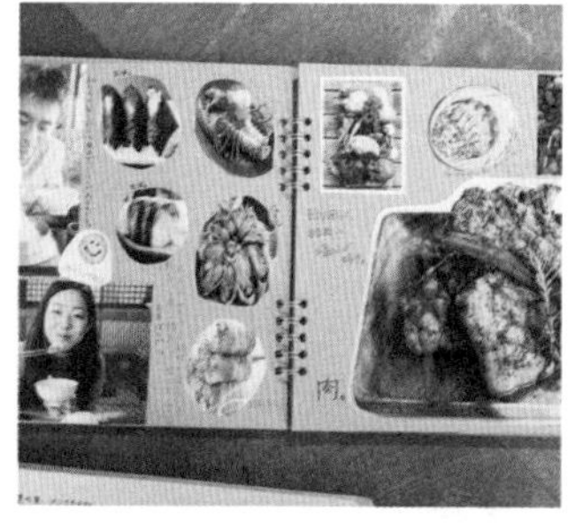

41 与幻想邂逅正是造房子的乐趣

宅地不会无限扩大，预算也不会无穷尽。家的建造，首先要面对的是每天的生活日常，这是制造守护家人的容器的工作，常常会有意想不到的情况发生。

只有一样东西我们人人平等，那便是无穷无尽的想象力。比方说你有一块仅仅一辆汽车大小的宅地，设想着“如同住在森林里一样的家就好了”“能和宇宙通信的家也不错”，等等。虽说只是幻想，但也并非天马行空，从积极的角度来看，我也会试着考虑，“或许可行？”

眼前的现实与幻想，当然会有很多矛盾的地方。但一家人的喜好也同样，拥有统一感肯定是很难的，前后矛盾反倒显得更自然。

与这些乱七八糟、没有一贯性的混沌幻想邂逅，才是造房子的有趣之处，更是活在这个世上的价值。

如果能与矛盾重重的幻想共存，说不定也很有趣呢。幻想火车头，开啊开，一直朝远方开下去。

右页上 / 可爱的素描式设计要求笔记，来自鹫巢先生。虽然归纳得简洁明了，但每一个要求的内涵却很深刻。既像情书，也像挑战书。

右页下 / 饭岛先生给我的设计要求笔记。两个人生活中重要的事、拥有这块宅地的原委等，都用插画的形式描绘出来。不仅仅是具体要求，也是幻想与梦境的交织。

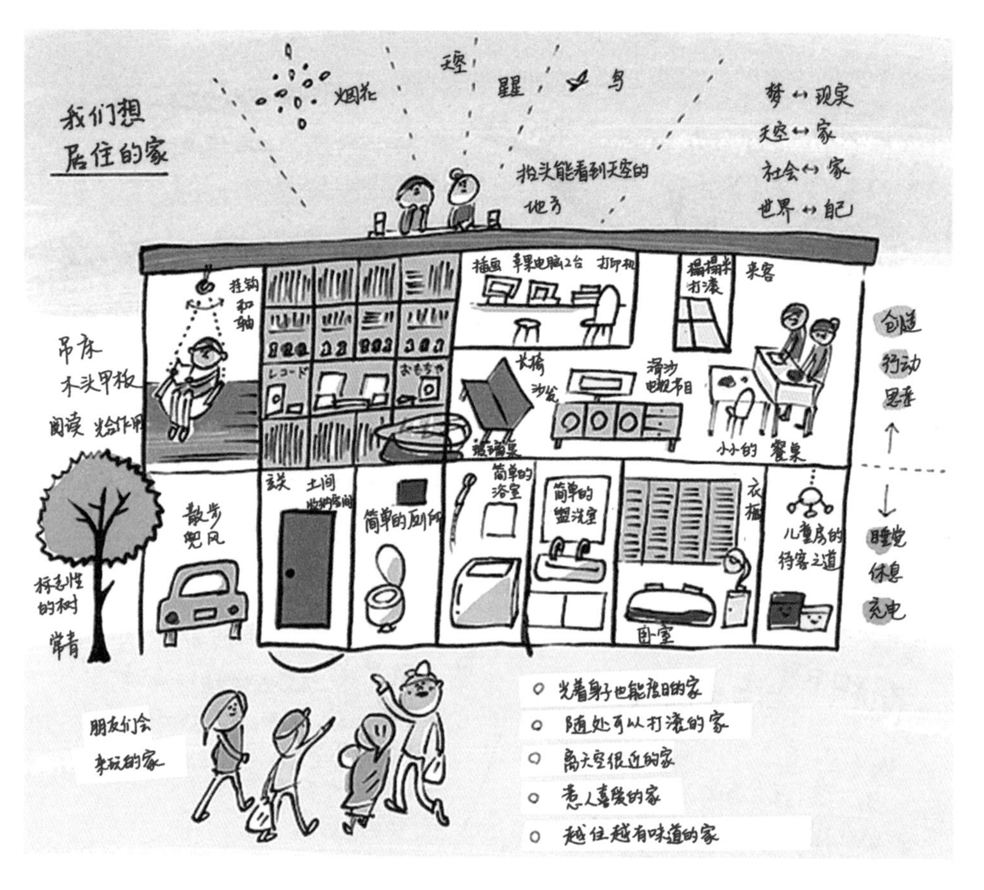

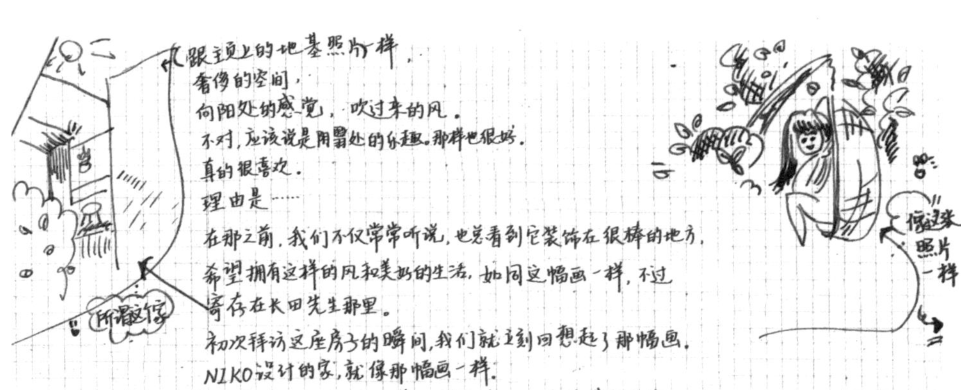

跟主页上的地基照片一样，
奢侈的空间，
向阳处的感觉，吹过来的风。
不对，应该说是阴暗处的乐趣。那样也很好。
真的很喜欢。
理由是……
在那之前，我们不仅常常听说，也总看到它装饰在很棒的地方，
希望拥有这样的风和美好的生活，如同这幅画一样，不过
寄存在长田先生那里。
初次拜访这座房子的瞬间，我们就立刻回想起了那幅画。
NIKO设计的家，就像那幅画一样。
因此，想要拜托你们。深爱着NIKO设计的理由其实非常私人，无法用理论来说明。
不过，内心就这样单方面被俘获了。

如果能够前来拜访的话，请务必告知，百忙之中麻烦你们过来。
很遗憾，我们没有充裕的时间慢慢等待（主要是经济上的原因）。
不过，眼前可见的困难，努努力总能解决的吧。
请务必同我们一起建造一个家吧！
如果能见到您的话，哪怕只有一次，也无比荣幸。
2011.10.14 饭岛夫妇

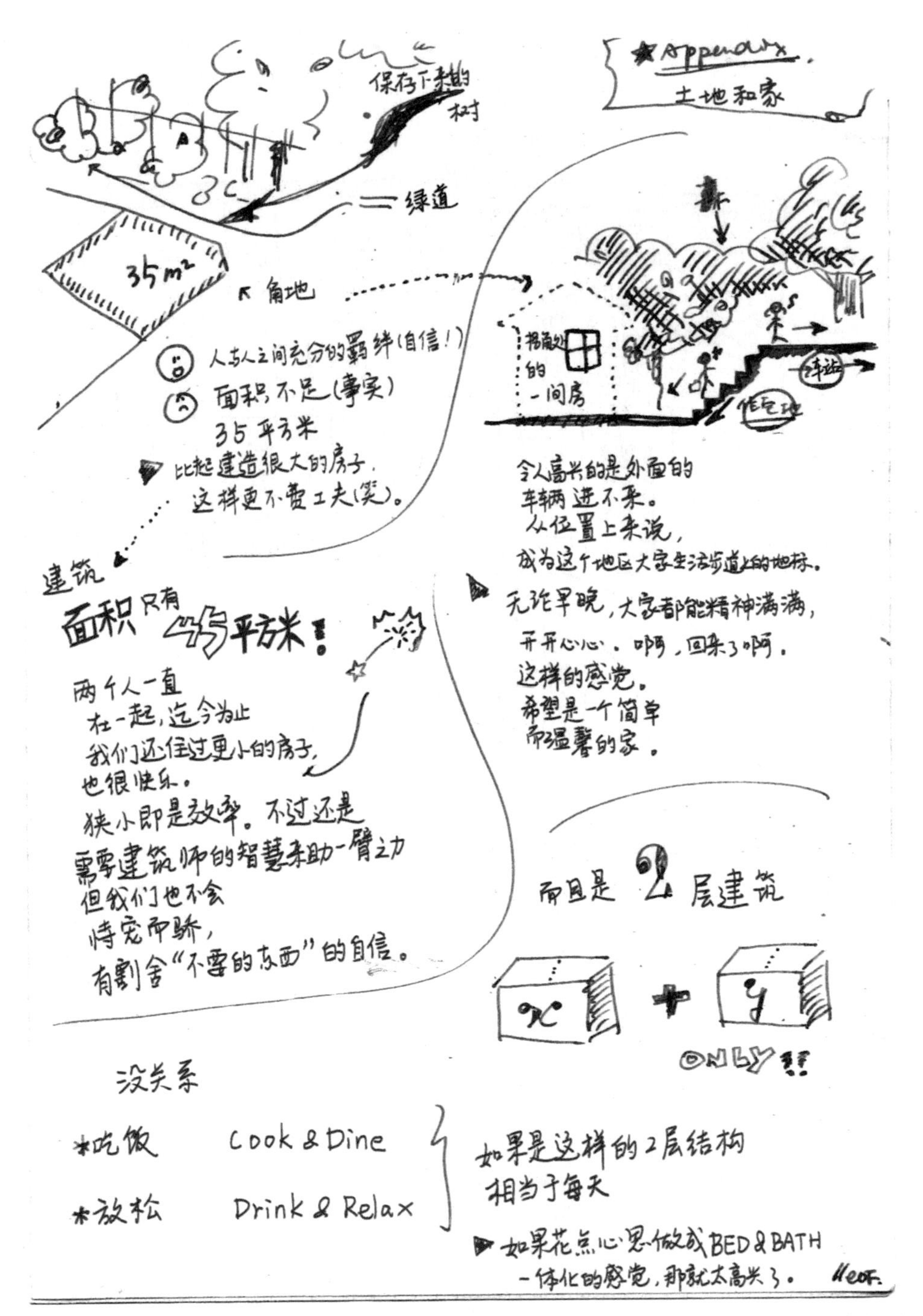
Appendix.
土地和家
保存下来的树
绿道
35m²
角地
人与人之间充分的羁绊(自信!)
面积不足(事实)
35平方米
比起建造很大的房子,
这样更不费工夫(笑)。
令人高兴的是外面的
车辆进不来。
从位置上来说,
成为这个地区大家生活步道上的地标。
无论早晚,大家都能精神满满,
开开心心。啊,回来了啊。
这样的感觉。
希望是一个简单
而温馨的家。
建筑
面积只有45平方米!
两个人一直
在一起,迄今为止
我们还住过更小的房子,
也很快乐。
狭小即是效率。不过还是
需要建筑师的智慧来助一臂之力
但我们也不会
恃宠而骄,
有割舍“不要的东西”的自信。
而且是2层建筑
ONLY
没关系
*吃饭 Cook & Dine
*放松 Drink & Relax
如果是这样的2层结构
相当于每天
如果花点心思做成BED & BATH
一体化的感觉,那就太高兴了。

饭岛夫妇的要点笔记

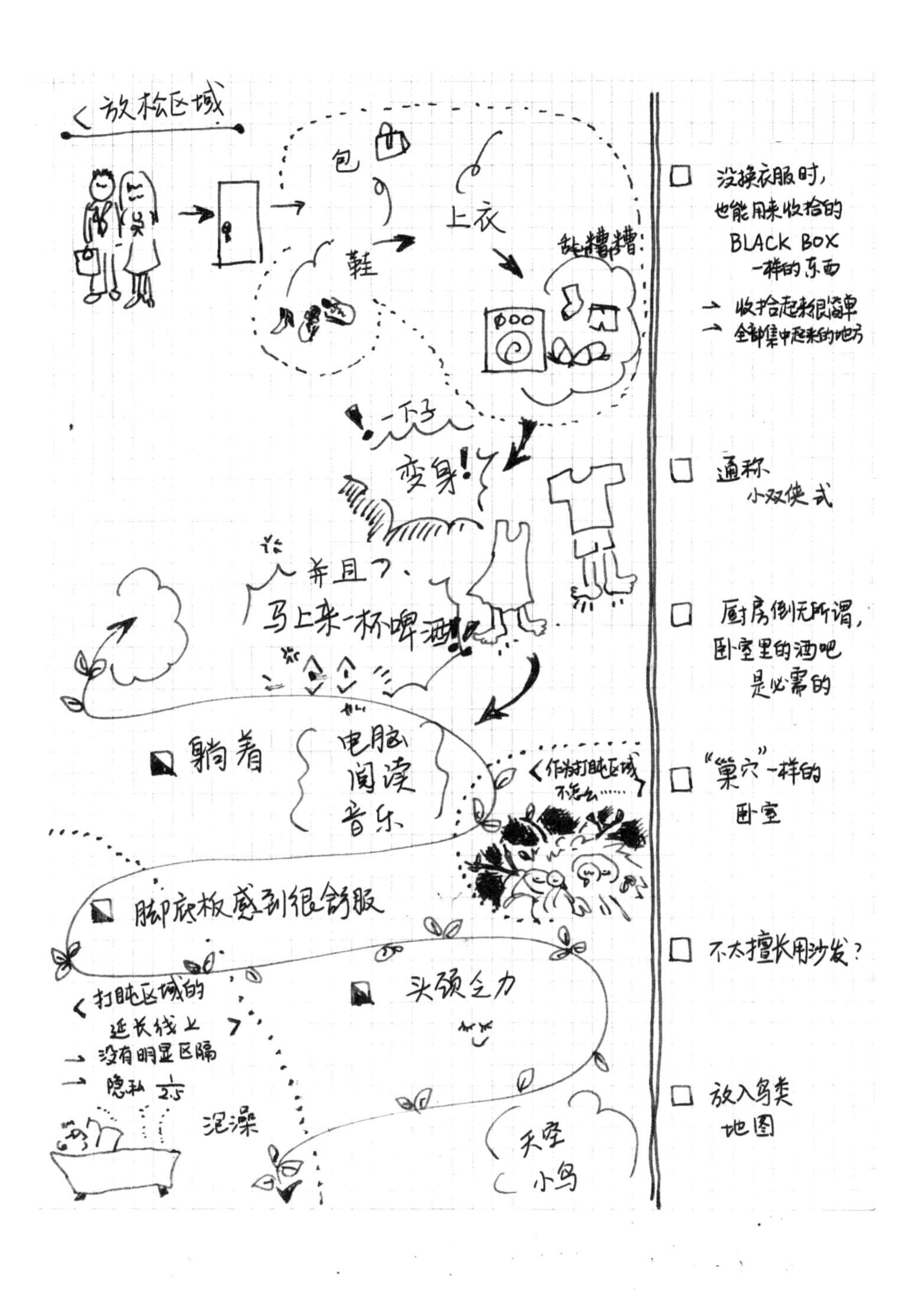
放松区域
包
上衣
鞋
乱糟糟
一下子
变身!
并且
马上来一杯啤酒
躺着
电脑
阅读
音乐
作为打盹区域
不怎么……
脚底板感到很舒服
头颈乏力
打盹区域的
延长线上
→ 没有明显区隔
→ 隐私 1/2.5
泡澡
天空
小鸟
没换衣服时，
也能用来收拾的
BLACK BOX
一样的东西
→ 收拾起来很简单
→ 全部集中起来的地方
通称
小双侠式
厨房倒无所谓，
卧室里的酒吧
是必需的
“巢穴”一样的
卧室
不太擅长用沙发？
放入鸟类
地图

饭岛夫妇的要点笔记

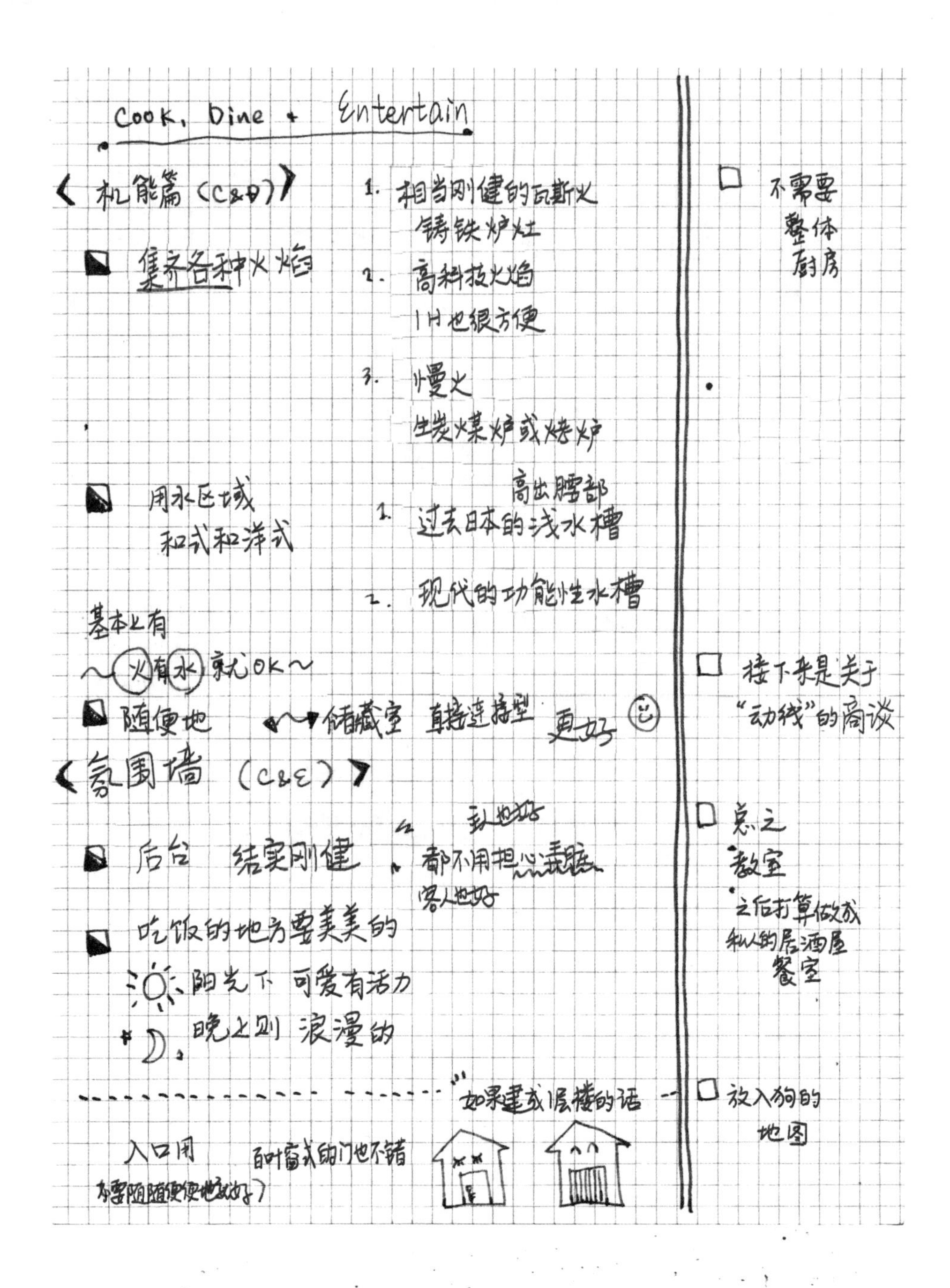

Cook, Dine + Entertain
《机能篇（C&D）》
集齐各种火焰
1. 相当刚健的瓦斯火 铸铁炉灶
2. 高科技火焰 IH也很方便
3. 慢火 生炭煤炉或烤炉
用水区域 和式和洋式
高出腰部
1. 过去日本的浅水槽
2. 现代的功能性水槽
基本上有
～火有水就OK～
随便地 ↔ 储藏室 直接连接型 更好
《氛围墙（C&E）》
后台 结实刚健
都不用担心弄脏
客人也好
吃饭的地方要美美的
阳光下 可爱有活力
晚上则 浪漫的
如果建成二层楼的话
入口用
百叶窗式的门也不错
不需要 整体 厨房
接下来是关于 "动线"的商谈
总之 教室
之后打算做成 私人的居酒屋 餐室
放入狗的 地图

饭岛夫妇的要点笔记

俯瞰 Cindy 夫人制作的模型（Matthews 先生的家）

42 制作迷你居室模型

“隔靴搔痒”这个四字成语，你听说过吗？

逐个字来解读的话，即“隔着鞋子抓痒”的意思。这个词，光想象一下就令人心烦意乱、焦躁难耐。事实上，在看到委托人 Matthews 先生（美国人）的邮件之前，我也不知道这个成语。

Matthews 先生能说一口流利的日语，尽管如此，在谈到材质、氛围之类的话题时，仍有很难把意思表达清楚的情况发生。模糊不清的感觉越积越多，此时，我收到了他们的邮件，写着“有种隔靴搔痒的心情”。

于是，由 Cindy 夫人亲手制作、充满情感的模型登场了，并取名为“要点模型”。就模型的精确度而言，我们设计师做得更加精确，但是就强烈追求的空间感而言，Cindy 夫人的模型要略胜一筹。

仿佛书信一般的模型，选择的原材料也十分棒。院子里的石头用芝麻来表现，根本不需要多余的言语来阐述，脱帽致意！

左上 / 卧室休憩空间的模型。

左中 / 玄关周边的模型。仔细一看，材料是玻璃弹珠和日常衣物。地面则是芝麻。

右下 / 模型全景。一边感受着这个模型的力量，一边朝接近该形象的设计方案推进。

43 让你的家与你相称

刚刚搬进新居的时候，空间和生活之间还有些疏离和违和感。那也不奇怪。

所谓生活，在房子建好之前便一直持续着，无论家具、随身物品、定期存款、值得玩味的东西等，如果一股脑儿搬进刚造好的新居，一开始肯定会格格不入。

但是，等过了一年左右，当房子的材料稍稍褪色、木头颜色变得更深，你感到亲切的那个瞬间即将降临。于是，终于产生“啊，这就是我们家啊……”之类的熟悉感。

这份“合适”的感觉，渐渐从家中渗出，与之相比，真正令人开心的是家成了绝妙的空间。

初次见面商谈的时候，我所感受到的东西到底是对还是错？成果就在那瞬间见分晓。家的好坏，要看是否适合这家人而决定。衣服、汽车，包括家，都是因为“合适”，所以才好。

玄关就像服装店似的，立着一个人体模型。（长谷川先生的家）

上 / 完成时空落落的起居室，在放入各式各样的私人物品后，变成了温馨的房间。

下左 / 像自行车店一样的车库，排列着各式工具，享受真正意义上的量身定制。在兴趣爱好广泛的长谷川家，无论哪间房都拥有故事，“相称感”满溢。

下右 / 天花板很高，能充分享受料理乐趣的标准厨房。

地下客厅里排列着等身大小的油画板。

44 土气也可以是褒义词

“带点儿土气感的家也不错啊！”安藤先生一脸认真地说。这倒给我出了难题，实在是苦恼。

要说“土气”，每个人的定义都不同。倒是好看、美观，更容易制造，也能引起共鸣。杂志上刊登的、正在流行的、那个人也这样做之类，借助外部信息就能搞定。

上 / 楼梯间里突然出现的特大幅照片。

左 / 面对照相机，单手弹起吉他的安藤先生。

相比之下，“土气”却太主观、太自由，实在是很难描述清楚的感觉。唔，但是经过一番深思熟虑，却让思考变得更为开放，稍微有些僵硬的头脑仿佛在渐渐转变，变得雀跃兴奋起来。

对平日里习以为常的东西，抱少许怀疑态度，一一检视，“这个会不会太帅气了一点儿？”

从这个层面上来看，“土气”说到底可能就是“相称”。

总而言之，从未有人提出过“因为太帅气了，请改一下”，我总算也能松一口气。

45 住一住，再改变

“终究还是想把阳台改成小房间啊……”

小山台家的房子建成至今约有 15 年时间，里面有个向外挑空的室内阳台，虽然稍微有点儿狭窄，但还是希望把它改造成客房。

本来是非常棒的阳台，总觉得有点儿可惜，但我还是表示，“把它变成超级棒的客房吧！”贴上鲜艳的朱红色和纸，做出可供小坐的高差，并且铺上榻榻米，加上新的窗户。原本酸橙绿的墙壁和朱红色的墙纸配合在一起，让屋子显得更年轻了。

完成施工只是其中一个阶段，每日的生活方式还会一点点发生变化。住在里面的时候，你才会察觉到很多事情，没必要一成不变。等时机成熟，再补充或者改变就好。

那么说来，因为梯子的使用频率很高，索性将它改成了楼梯，厨房吧台的外形也改造成更便于使用的样子。每当再次加工的时候，整个表现力也会随之改变，不同场景下的要求相互重叠、共同存在，宛如生机勃勃的街区。

说起来，这个家里有两只猫，后来又增添了一条狗，大家愉快地住在一起，正是这样的感觉吧。

左下 / 厨房吧台。线条变得更加圆润，使用起来的感觉也全然不同。
右下 / 外观。植物将飘窗全部覆盖，感觉不到来自外部的视线。

右页上 / 原本的室内阳台。
右页左下 / 爬上客厅楼梯后是阁楼。小小的空间，绿色墙壁给人清爽的感觉。
右页右下 / 地台上的客房用纸拉门进行区隔。

变成家的时刻

无论衣服还是家，适合的才是最好的。

和一家人生活方式以及兴趣爱好、价值观相称的家；

完美融合于街区风景中的家；

相比其他，用餐时间最为愉快的家；

下雨就下雨、天晴就天晴，能够享受平凡日常的家……

不能忘记的是，家里同时有大人和小孩。

能让大人和小孩时而靠近、时而疏离的家；

五彩缤纷、手感粗糙的家；

相当复古、值得玩味的材质；

拥有光线昏暗的场所的家；

植物和草木都能够好好生长的家；

紧贴地面的家；

仿佛很久以前就邂逅、很久以前就存在的家。

然后是，让人心跳不已、忐忑不安的家；

孩子们不想从里面出去的家；

孩子们总是很想回来的家。

第六章

家的“持久”到底是什么

“这座房子，可以用多少年呢？”如果你从事设计工作的话，必定会被问到这个问题。

尽管独立出来工作已经超过 15 年了，我仍然无法很好地给出答案。重点在于，何为“持久”？归根到底，“持久”到底是什么？

比方说，假定“持久”指的是耗尽寿命的极端情况，那么，如此幸运的建筑物世上又能有多少呢？

造房子这份工作，也是同时目击建筑物一步步毁坏的工作。理由大多是“为了翻新重建”“不符合现在的家庭情况”“土地无法继续持有，打算分出一部分售卖”“设施老化”，等等。

实际上，比起房屋是否“持久”，其实是因为所有者的具体情况，建筑物才会被毁坏。也就是说，是否“持久”，在贷款时只要稍微问一下，就会发现真的无关紧要。那就是几乎所有日本建筑的宿命，以及现实。在日本，所有建筑物身上都存有这种矛盾。那么，真正的“持久”到底是指什么呢？

举例来说，相当古老的木造住宅，因为住户的留恋，在超过 50 年的时间里，一直重复改建，继续居住。虽然不明确构造等级，但是被深深爱着，保持着“持久耐用”的状态。

另一方面，来自房地产开发商，拥有高耐震等级、配备最新环保装置的商用住宅，不到 10 年就重新售卖，或者被拆毁。总之，在当今的日本社会，新建筑不管能耐多强的地震，多么生态环保，也完全算不上“持久”。

虽然还有些迷迷糊糊，但我唯一能够确信的是，为了让建筑能够“持久”，真正需要的不是耐震等级、设备设施、隔热性能，而是“强大的故事性和留恋之情”。

这份强大，是由无数琐碎细小编织而成的坚韧，以及勇于接受和忍耐变化而产生的。

这些两层、三层重叠起来的家庭和街区故事，在好几层故事重叠起来的缝隙中，又能编织出新的故事。随着时间流逝，故事的强大性与日俱增。当然，拥有能让预料之外的事钻进来的空隙，也是相当重要的。

说到底，“持久”到底是什么呢？答案仍是未知数。

只不过，我一直以来祈望的都是“想要拥有”。

46 强弱恰到好处的状态

混合构造，是“将来把木地板拿掉，变成中空”，或是“和旁边相连”？我认为在日常生活中，能够对房屋今后的模样随意展开想象，是一件很棒的事情。

家庭的形式，也会随着时间发生变化。坦白说，今后的事我们一概不知。但是我认为，能让你二次展开美好想象的房子，肯定是丰富多彩的建筑。

强和弱都恰到好处的空间。这样的建筑形态，正是我的理想之一。

上左 / 中空部分，铺设轻型地板。（五十岚先生的家）

上右 / 一楼钢筋混凝土构造，二楼木造结构，上梁时的情形。（天川先生的家）

中左 / 一楼钢筋混凝土部分施工的情形。（hitotunagari之家）

中右 / 二楼天花板，将来可以拆卸。（宗次先生的家）

下左 / 一楼钢筋混凝土构造，二、三楼木造结构上梁时的情形。（ISANA）

下右 / 关于在街区中隐私的强弱。

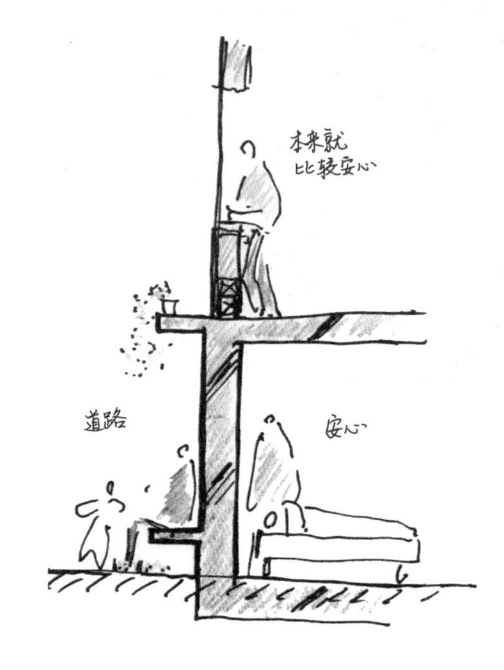

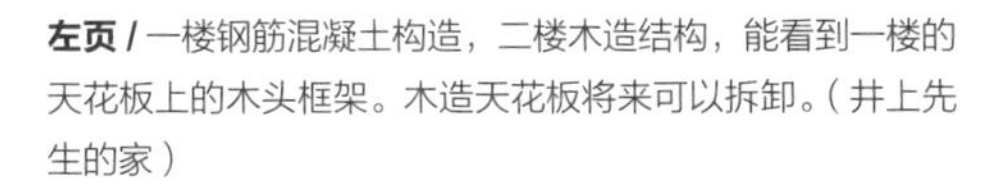

左页 / 一楼钢筋混凝土构造，二楼木造结构，能看到一楼的天花板上的木头框架。木造天花板将来可以拆卸。（井上先生的家）

47 为遥远未来而做的设计

“这个家里，有可以放棺材的地方吗？”本间先生问。

“可以的话，将来想死在家里，如果玄关不行，不知道哪里还有放棺材的隐匿空间,希望有扇门……”

“棺材……是吗?”

实际上,迄今为止我做的设计，都是为了实现“比眼下要求和所说范围更往前一步的未来”，脑子里充满该种想法，却从未想过在家迎接死亡这等事情。然而现在仔细想想，这难道不是家所扮演的最终角色、家最根本的一种性质吗?

那之后过去十多年，天气晴朗的周末，我偶尔会经过房子门口，那扇门有时会稍微打开一条缝。主人应该在家，一定是边享受着舒服的风，边睡着午觉吧……我如此想象着，感到非常幸福。

相反，当我将门打开少许，走进去拜访时，却发现在微暗的房屋内部，街区氛围随着惬意的风一起流入，于是感叹，“啊，家和街区连接在一起呢……”

考虑到很远很远的未来而做的设计，也会丰富到很近很近的日常生活。

左页 / 从饭厅可以看到外面的道路。打开门后，街上的光会照入这沉稳的空间。

上左 / 饭厅。打开门扇，既能感受到外面道路的光，也成为通风的路径。

上右 / 从玄关门廊能看到可以出棺材的门扇。

下左 / 靠道路侧的外观。玄关被混凝土屋檐所遮盖。

下右 / 从饭厅向上看中庭。

48 最后的栖身之所，正是能够迎接他人的家

面积 132 平方米左右的房子，两个人住绰绰有余。正因为那样，从今往后就能在里面做许多有关“接待”的事了。

也许会成为朋友们轻轻松松走进来、咖啡馆一样的家。

屋内屋外各个场所都能放置作品、像展览馆一样的家。

孩子们也许会带上恋人一同前来，而孙子放暑假的时候会说："那个，爷爷家很有趣，我们去住吧……" 于是变成孩子们心中很有人气的爷爷家。

最后的栖身之所，正是能够迎接他人的家。养育孩子的任务告一段落之后，让我们建造一个包含许多"可能性"，为迎接而存在的家吧！

出乎意料的是，这也许正是未来的家的形态。

左页 / 中庭被用来做夫人和好友的展览会，计划当作半露天的画廊使用。

上 / 从土间看往中庭。方便迎接来客的宽旷敞亮构造。

下左 / 光线沉稳平和的空间。

下右 / 中庭的画廊。

左上 / 在明亮的屋顶式阳台上迎接来客。
左下左・中 / 夫人靠近道路侧的西洋裁缝工作室。
右上 / 从二楼往下看中庭露台。
右中 / 榻榻米地台上的餐桌同样面向中庭。
右下 / 二楼的客房。

右页上左 / 一楼平面图。
右页上右 / 二楼平面图。
右页下 / 描绘房子和街道关系的剖面图。偌大的屋顶既能保护隐私，也创造了落落大方接纳他人的条件。

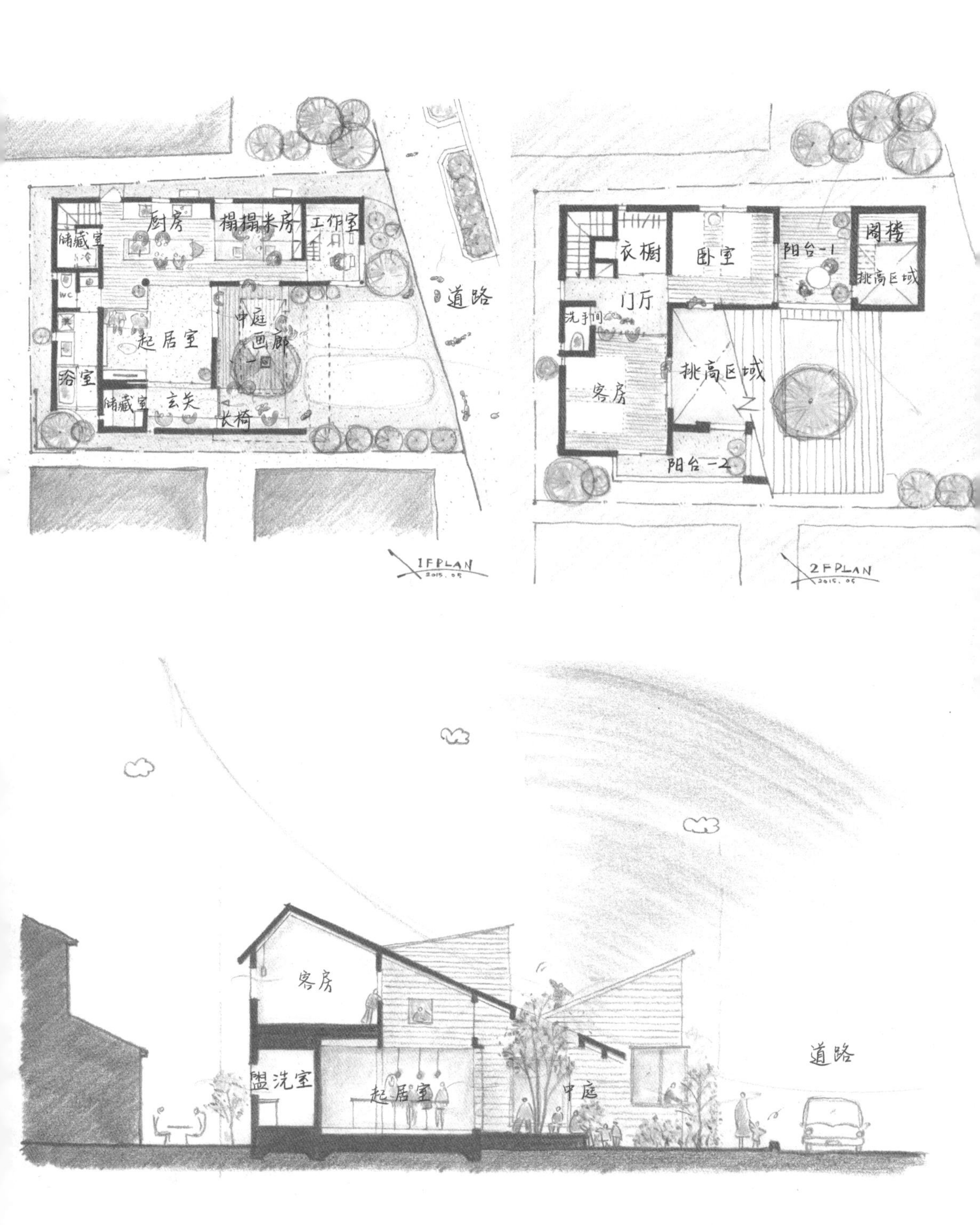

储藏室
厨房
榻榻米房
工作室
WC
起居室
中庭
画廊
道路
浴室
储藏室
玄关
长椅
1FPLAN
2015.05
阁楼
衣橱
卧室
阳台-1
挑高区域
门厅
洗手间
挑高区域
客房
阳台-2
2FPLAN
2015.05
客房
道路
盥洗室
起居室
中庭

49 不知何时起，从小长大的家就成了父母家

孩子们小的时候，总感到和家人一起度过的时光如永恒般漫长。其实那样的时光，却意外短暂。

孩子们总要离家独立，一家人终会四散分离。尽管有些寂寞，我想这也是无可奈何的事情。

因此，对家人来说，家就像扎根于地面的大树一样，希望它无论何时都在那里。家就是镌刻着家人们的记忆，并将其永久留存的地方。

快的话只要十多年，孩子们就要离家而去，于是，家便变成了“父母家”。对孩子们来说，虽然有点儿麻烦，但还是希望家能够充满自己无法忘怀的记忆。

迟早要离开的家，肯定会成为某天想回来的家，不是吗？

左页 / 玄关的前面。（前川先生的家）

下左 / 靠道路侧的和室。（山崎先生的家）

下右 / 天气很好的午后，中庭的风景。（鹫巣先生的家）

变成我们家的瞬间 / 一家人自己刷油漆。（竹安先生的家）

よしひと
ときこ

50 适当地参与其中

“稍微有点儿涂出界外了……不过继续在里面涂就好啦。看来，工匠们可真是厉害啊！”

当这样的心情开始萌发，你会发现，家的建造，就是它慢慢变成对家人而言永不结束的故事。

建筑自然是委托给专业工匠更好，施工也同样，但“我们”能做的事意外有许多。机会难得，不要忌讳专业工匠炉火纯青的高超技巧，就算某一个地方、某一间屋子也好，用“我们”的手，亲自来做最后的润饰。

就算只有一天，一边偷偷观察工匠们干活，一边在施工现场吃饭，和孩子们一起涂刷油漆。仅仅做一点也好，自己亲自下手体验，会让这所房子从单纯的建筑物，变成“我们的家”。

“建筑可是谁都能参与的呀。”怀抱这样的想法就可以了。

要变成“我们的家”，口头暗号是“适当地参与”。

涂漆协助 /PORTER'S PAINTS

和纸协助 /Hatano Wataru

ちびっちょ

51 日常小物件是家的“佐料”

从马路到玄关的小道、邮筒和门牌、些许点缀的植物和石头、玄关的门把手，到装在墙壁上的挂钩、抽屉的把手、挂下来的吊灯……当生活真真切切开始之后，正是这些手会碰触到、每天进入眼帘的小物件，衬托起平淡的日常生活，成为专属于我们故事的主角。

换言之，大概就是如“佐料”一般的存在？

开始建造房子之后，像这样收集“佐料”也是一种乐趣。尤其是邮筒、门牌、玄关门把手之类，通常会配合房子的氛围量身定做，因此，常常给人留下比房子本身还要深的印象。

从这个意义上来说，能够用手把持的尺寸感，也许才最能表现“与我相称”的感觉。

制作协助 /Atelier-vega 平锻治 阪本制作所 波多野裕子

新
ATARASHI

52 超越时光的素材

从某一时期起，我开始在新建的房子中，采用历经数十年时光的原材料，就算只用在一个地方也好。

材料可以是木材、搁板、古老的门扇、灯具，等等。我的价值观是，并不一定要高级品、珍惜品，或有深厚感情的物品，只要是“超越时光的东西”就行了。

所谓“超越时光”，换言之就是“包裹着时间”。在新造的建筑中，就算加入少量包裹着时间的素材，也给人两者交相辉映的感觉。

也许是因为，赋予新素材感知未来模样的能力；又也许是因为，在空间里制造出时间跨度的氛围。

再仔细思考看看，街道是由各种包裹着时间的建筑所组成的；而这个世界，也是从小孩到老人各个年龄阶段的人共存，才显得自然。正因为同时存在，新素材显得格外好看，你也会留意到旧素材中流露出来的风情。

嗯，不过这种事情，会成为在二手服装店冲动消费的借口吧……

左页 / 玄关的门。（田口先生的家）旧仓库的大门、纸拉门和格子门、格窗、古老材质的吧台等，包裹着时间的元素只要加在一个地方，便能和新素材互相衬托。也不知道为什么，NIKO 的委托人当中，有很多都喜欢古董和小物件。

上左 / 窗的建筑材料。（太田代先生的家）
上中 / 窗的建筑材料。（宗次先生的家）
上右 / 窗的建筑材料。（田口先生的家）
中左 / 双开式大门。（中道先生的家）
中右 / 古老的墙壁和铁制书架。（阪本先生的家）
下左 / 古旧材料做的窗台。（Asa 先生的家）

协助 / 骆驼　**和纸 /**Hatano Wataru

53 孩子们最爱的顶梁柱

最近，我总是在做设计的时候，不知不觉思维就跳跃起来，“在什么地方有一根圆柱子也不错吧？”

柱子通常被认为是障碍物，设计小型住宅时，如何去掉柱子可是一件为人称道的事情。但反过来说，正因为是小型住宅，如果采用直径 20 ~ 30 厘米粗的顶梁柱，整个空间会发生翻天覆地的变化。

先不说别的，这个尺寸的柱子，一定会让人情不自禁地想要抱住吧！像真人一样

左页 / 多采用直径 20 ～ 30 厘米的圆木头。使人感到亲切的大小，不由自主地想抱上去，来回抚摸。（新先生的家）

上左 /kusukame-kuno-kuno 之家。
上右 / 山崎先生的家。
下左 / 太田代先生的家。不管在什么样的房子里，圆木头跟孩子都是天生的好伙伴。
下右 / 前川先生的家。

大小的感觉，十分惹人喜爱！

其实啊，说是障碍物，但对于留恋住在木造房子里的人来说，比起狭窄感，圆木头的存在感更胜一筹，仿佛在参天大树下生活的氛围。

对于这个家中长大的孩子们来说，顶梁柱那稳如磐石的存在感，正是用来游戏的最佳道具。若上面能长出树枝，开出花朵就更好了啊！

54 设计房子的根基

婴儿出生时，带有一些特定期间内会有的表征。像茂密的乳毛、尚未闭合的肚脐、尖尖的脑袋、一直紧握的拳头之类。种种表征当中，我印象最深的是被称作“莫罗反射”的反射运动。

婴儿出生之后，会因身体前面（胸和腹部）被解放而产生异样的厌恶。那种厌恶感实在很恐怖。我家的孩子们是三个人三种表现，但只要脱掉衣服就会“哇”地一下大哭大闹起来。

“那么，要怎样才能给他洗澡呢？”其中有个诀窍，在脱衣服的同时，马上往胸前放一块薄纱巾，让他抓着一起放进澡盆。孩子会因此感到安心而停止哭泣。我想，恐怕大多数婴儿都要在胸前放块薄纱巾，紧紧抓着才能够洗澡吧。

助产士告诉我，像这样，出生之后的婴儿若处于赤身裸体状态，会条件反射般地感到惊恐，想要抓住什么似的拼命挣扎，该动作被称作“莫罗反射”。

可能是婴儿直到出生前都蜷缩着身子，隐藏起身体前面部分，而这种什么都无法触碰的不安感，导致了反射运动的产生。

因此，过两三个月，当婴儿开始觉得“实际上，那些家伙不是敌人”的时候，“莫罗反射”就不可思议地消失了。我想，这可能是安心感、信赖感这样的东西开始在人身体里发芽的瞬间。

恐怕在很久很久以前，刚出生的人类就拥有这种全世界共通的特定运动——莫罗反射。但为何这种反射运动会保留至今呢？

刚出生时最不安的场所，实际上是被内脏等许多重要东西塞满、毫无防备地被柔软的皮肤所覆盖的场所。“重要的场所”是“毫无防备”的，这很明显是一种设计失误。

但是反过来，试想一下，如果人类的身体两面都像背部一样坚硬，这种生物可令人感到有点儿恶心呢。我偶尔会想，不仅仅人类，所有生物这样的“容姿”，从某种意义上来看，难道不是特意设计好的脆弱性吗?

我一面从事着设计工作，脑海里仍时不时闪现婴儿刚出生时的姿态——出生后仅仅两三个月就消失，甚至都不存在于自己记忆中的反射运动，没有起到任何作用的反射运动。

如果不是为了本人，那么，可能是为了告诉父母而特意把反射运动保留下来，毕竟唯一能看到的就是父母了。这也许就是正确答案。

这样看的话，人类可真是浪漫的生物呢！我一直认为，建筑也同样，仅仅刚强、坚硬的话可不行。

实际上，这正是我设计房子的根基。

第七章

让你的家流动起来

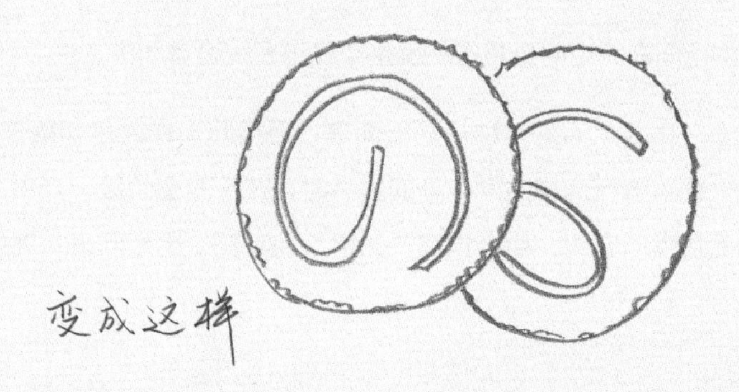

大人有事带着孩子一同外出，这是常有的体验，但对孩子来说，一整天待在同一个空间实在太难了。说到底，大人是因为有事情才会外出，孩子们却无事可做。尤其当那个是密闭空间，窗不能开，空气无法流通，没有躲藏的死角，明晃晃的，如同千篇一律的会议室，孩子们自然很难长待。

密室般的美术馆等也同样，孩子们动不动就会说“已经厌烦了，回家吧”。

但仔细观察一番后，你会发现，能让孩子们随心所欲度过一天的地方，是能够巡回环绕、通风良好、跟外界充分连接的空间，并且既有明亮处，也有阴暗处；既有高处，也有低处，以及隐匿之处。那些空间，也许能充分吸收并挡住孩子们无限奔涌的精力吧。

那时候我发现，实际上，对大人们来说，这样的空间也相当便利、愉悦。说到底，一样都是人类啊！如果大人没有事情要办的话，其实跟孩子是一样的。

那样的空间有一个明显特征，就是动线和视线没有尽头。

事实上，在纸上描绘这种规划很简单，但实际操作起来却格外艰难。比方说，现实中向委托人进行房屋空间布局的提案时，在平面图阶段，当大家看到为了制造互通动线而牺牲的空间，便会觉得“无用”“浪费”。比如厨房，考虑到从两侧都能绕进去而制定了方案，因此留出来的空间，却总被认为做成收纳场所会更好；房屋尽头的天花板和二层稍有连接的话，就会被认为那部分的面积缩减了，尽管这是既有立体感、还制造出采光和通风近道的绝佳方案。不过，实际上的确面积缩小了。

就是这样，往往在房屋实际建好之后会让人觉得“很棒”，可在平面图阶段，如何有效传达信息让委托人“接受”该方案，真是难上加难。成年人是习惯于用头脑思考的生物，尤其在当下，日本的风潮就是消除无用。

等到对方搬进去之后我去拜访，却听到不少这样的意见，“西久保先生，那边果然还是开口会更好啊！”是啊，真是难对付，建筑在平面图阶段只能用头脑思考，建好之后，大家就转变成用身体去感知空间。如果在建造之前，无法将自己的想法准确传达给对方，没能好好说明，那我的责任就很大了，但也并非一时半会能改进的。

因此，最近我换了一种思路，把自己认为最好去除的地板和墙壁部分，偷偷改成“哪天可以去掉”的说法来提案。哎呀，果然还是对自己的说明没有信心啊！

55 没有尽头的空间

诚实地告诉大家，其实我有幽闭恐惧症倾向。所以说，对路尽头、密室之类的东西，无论如何都喜欢不起来。

在设计上，我的癖好是使用一切手段，企图营造出能让人感受到“前方”的空间。虽然这是我“不管怎样都想从这里逃出去”的个人希求的表现，但放到建筑空间上来看，则会变成自然通风的空间、透过光感知到外界的空间，也算是不幸中的万幸。

根源在于我的人性之中，尽管多次被驳回，但我不惜付出极大努力，能实现也好，不能实现也罢，每一次都换着法子，为实现建筑中没有路的尽头而想出了许多点子。

乍一看，好像是起不到任何作用的人性，却不可思议地同孩子们的希求产生了共鸣。多数情况下，当房子完成之后，孩子和猫超乎想象地喜欢，果然我们是同类吧！

左页 / 外楼梯和外走廊，特别能刺激孩子们的探险欲。到哪里为止是家，到哪里为止是街道？（ISANA）

左上 / 从楼梯平台出来，眼前闪过色彩绚丽的房间。（比嘉先生的家）
右上 / 小小的洞穴也不错。“前方”还有继续延伸的空间。（hitotunagari之家）
右下 / 旋转环绕的动线，正是欢笑之源。（沟口先生的家）
左下左 / 前往位于楼梯半途中的庭院。房子内外可以随心所欲地穿梭，这种舒畅也很重要。（鸿巢先生的家）
左下右 / 向上爬，向下跳，俯身看。（坂本先生的家）

56 在屋顶下生活的感觉

只不过是待在屋顶下方而已，就给人胸襟开阔的感觉。也许是因为能感受到上方开阔的空间和氛围？

三轮先生的家，一楼按照要求是起居室和餐厅，但他们希望这个空间能给人如同在屋顶之下的感觉。然而这座房子没有中空部分，斜线限制和容积率都已达到饱和状态，部分只能确保 2.7 米高的天花板。而面朝绿化带的开口部分，只能缩减到 2 米高，于是我便设计了像浮伞一样、从天花板向四周呈放射状的装饰椽子。

从尺寸上来说，装饰椽子会阻碍空间大小和开放感，实际上却在天花板顶部营造出“虚假”的吊顶，而被抑制高度的开口部分前端，也产生了向绿化带延绵的连续感。

“在屋顶下生活的感觉”还有一个好处，就是被守护、被包围的安心感。

人类欲求的根本是“因为我们被守护着，所以想同外界产生羁绊”，因此，我认为这座房子，正是触碰到该本质而诞生的美好居所。

左页 / 擅长招待客人的三轮一家。

上 / 一楼地板设计成距地面 1.2 米高的程度，能够安心地面对外面的树木，感觉就像乘坐一艘漂浮在绿色海洋上的船。这一点十分重要。

中 / 从绿化带一侧看房子外观。

下 / 不仅是室内，从屋顶、露台、浴室等多个角度都能欣赏春夏秋冬的风景。他们定期招待友人来家里做客，花尽心思举办了很多聚会。

57 让空气流通的三角形天井

你常常会注意到，位于三面被包围、密集地带的新建商品住宅，都被设计成模式化的样子：一楼是玄关、卧室、用水区域和储藏室，二楼则是起居空间。虽然是无可奈何的事，但很明显，一楼既不通风，房间还都挤在一起非常昏暗。

这种方案，光听描述就给人一种不舒服的感觉，但从平面上来看已无计可施。然而这局促逼仄感，真的无论如何也没办法了吗？

我试着把思路切换到立体层面，如此考虑出来的方案，被委托人上村先生命名为“有

趣的三角形天井”。

在一楼最里面的天花板上，开一个小小的三角形通风口，仅仅花了这么点儿心思而已。将原本空气停滞的一楼同二楼连接，家中的空气马上呈立体式流通起来。

千万不要放弃一楼的最深处。只不过小小的变动，就能让居住空间戏剧性地变舒服起来，从结果上来看，也延长了建筑物的寿命。

现如今，仍有各种各样的“三角形天井”在诞生。

左页 / 给“有趣的三角形天井”取名的上村先生家。让一楼最深处不那么阴郁而下的功夫。

左中 / 小小面积的平台也能做出天井，角落是通风采光的通道。（岛冈先生的家）

左下 / 小小的楼梯和下面相连，成为传递光、风和家人声音的天井。（O 先生的家）

右中 / 从儿童房往下看，那里是厨房。（曾根先生的家）

右下 / 楼梯也位于三角形天井的中间。（平部先生的家）

58 神奇的小小开口处

房子完成之前，不管从平面图还是剖面图上看，我都完全没注意到这个小小的开口处。直到建完后才发现，有没有这个小小的开口处，简直天壤之别。

尤其是住宅中隔出来的房间，本身面积就很小，而那个小小的开口处，就会给人一种感觉，“啊，好像跟什么地方连通一样。”

体感上十分有趣，只不过下了一点儿功夫，即使同样高的天花板，也给人一种舒展的感觉；而同样大的面积，则显得格外宽敞。

左页 / 地窗和天窗。控制开口的大小，令颜色鲜艳的墙壁看起来更加耀眼。（宗次先生的家）

左上 / 烟囱一般的进光通道。一楼也能感受到天空。（omagari 先生的家）
左下 / 根据孩子视线的高度，将架子的背板横向抽掉一块。（平部先生的家）
右上 / 能感受到外部的墙边狭缝。（井上先生的家）
右下 / 地窗和地板之间的镜面不锈钢板组合。光的扩散。（坂本先生的家）

在这个意义上，“开口处”即“使之相连接的地方”。同住的伙伴、内侧和外侧、屋顶和天空、脚下和地面，也因此而有了关联。

比邻而居的伙伴，也许会体会到彼此之间产生的羁绊，就算一点点也好。作为连锁反应，或许终有一天，我们能够超越原本小小的土地面积和建筑面积，收获与街区紧密相连的生活。

一点点，也可以是非常大。

59 你的家，你舒服才好

“那个……请你设计一个小小的家。那些配合高个子现代人的空间，天花板又高，门又很大，对矮个子的我来说，有点儿力不从心啊。所以，想要一个适合我身材、小小的又能感觉到安心的家。”

迄今为止，我听到过许多令人难以忘怀的话。

▶ 不需要个人空间。（白石先生）

▷ 我讨厌和街区之间没有空隙！（田崎先生）

▶ 家还是微微暗比较好。（四元先生）

▷ 像这样没什么意义的墙壁，才是最有意义的地方！（小田原先生）

▶ 请设计一个不那么有 NIKO 风格的家！（若井先生）

▷ 外廊这个词，说的就是有缘的地方，真的好棒！（太田代先生）

▶ 如果能在家中迎来死亡……（前川先生）

▷ 手能触碰到的天花板，莫名有点儿安心……（曾根先生）

▶ 在家里也能感受到雨声、风声，那就最好不过了。（佐藤先生）

▷ 想到可以暂住在这个街区，就算地基小一点儿也没关系！（饭岛先生）

▶ 将来，能够坐在外廊上一边吃鱿鱼干，一边和街区的老爷爷们下象棋，这种生活最棒了！（山崎先生）

▷ 家庭房和起居室是不同的。（Matthews 先生）

▶ 不希望转角地的视野很差。（出口先生）

▷ 变成乱蓬蓬的小路也挺好啊。（饭村先生）

▶ 想为街区做出一点儿贡献。（尾崎先生）

▷ 地下是起居室，一楼是餐厅。我们家把起居室称作“工作坊”。（安藤先生）

- ▶ 地皮是属于地球的。（坪井先生）
- ▷ 家是培养睿智的基地！（大山先生）
- ▶ 地基普遍狭小的东京，如果能在一楼拥有一间舒适的起居室，岂不是很棒？（坂田先生）
- ▷ 进入玄关后，左边是摩托车店，右边是服装店，那感觉不错啊。（长谷川先生）
- ▶ 外形完全让人感觉不出是窗户，这样不错。（鸿巢先生）
- ▷ 好不容易要建造自己的房子，有一个杂草丛生、怎么也拔不完的庭院就好了。（omagari 先生）
- ▶ 微暗、高雅、幽暗的家就很好。（井上先生）
- ▷ 迟早每一间屋子都要亲自住住看。（下窪先生）
- ▶ 住在充满女性趣味的家中，这样的男性很可爱吧。没有男子气概的家，哈哈。（尾崎先生）
- ▷ 不知不觉就收集了很多古董！（宗次先生）
- ▶ 书房舒适的话，尽早还完贷款的可能性就会提高，超级重要啊。（中泽先生）
- ▷ 像摩洛哥的房子一样……（吉原先生）
- ▶ 带有昭和氛围的家不错啊。（庄司先生）
- ▷ 因为有恐高症，起居室如果不在一楼就无法平静下来。（本间先生）
- ▶ 没什么实战成果，因为是同辈人，觉得可能合得来吧。（星先生）
- ▷ 我们啊，做梦也没想过能拥有自己的家。（樱井先生和岩渊先生）
- ▶ 想拜托给那个人啊，他给这个家取名为“母亲的家”。（酒井先生）

语言是会发光的。不过，远远还没写完呢。

60 穿透式书柜

家里只需有一个地方超越日常生活的规模感，住宅马上就变为生机勃勃的空间。

举例来说，天花板高度是 2.4 米左右，卧室有 6 张榻榻米大小，这些都是我们习以为常的规模感。假如在家中留出一处纵向的横断面，比如朝向楼梯或通风口的连续空间，体验立刻就会发生变化，“不像家，而像别的什么。”

书柜每一格是手方便拿的大小，但一格格重叠起来，就会变成图书馆一样大的空间。渡边先生家的书柜，设计成马蹄形大小的洞穴式空间，有种外面街道般的规模感，也像小鸟和小生物的住所。

左页 / 渡边先生的家里，一整面墙壁的书柜里，留出马蹄形的隧洞。二层式穿透，既能含蓄地分隔空间，又能营造出一家人的整体感觉。

上 / 同一个书柜的左侧。

从上到下，有时候是从这头到那头，如果家中某处有个这样的穿透式书柜，竟会让人忘记自己住在小小的房子里，实在不可思议。

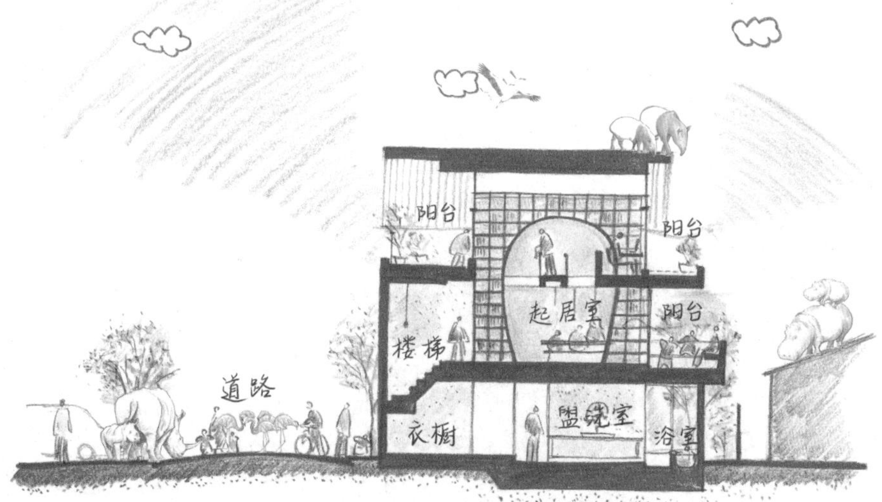

61 自带故事感的圆形设计

向外伸出大屋檐的住宅里面，有一座涂有灰泥的曲线形高塔，仿佛树木和房屋缠绕在一起。

随着曲面的展开，一楼营造出小巷式的空间，爬上高塔内部的楼梯后，主题则立刻切换，二楼是一个马蹄形拱廊式的书柜。

以那样的曲面设计为主干，上面点缀着灰泥、钢铁、木头、瓷砖、彩色等渡边先生喜欢的元素。四处散落的素材由主干串联起来，最后，连渡边先生的生活和男主人的相片也成了点缀。

拥有巨大树干的树木，里里外外栖息着多种多样的生物，最终成为一个整体。

渡边先生一家人所居住的房子也同样，和喜欢的物品一起，成为无法同各种事物分割的“一个整体”。

夫人的笑声，总是那么明朗闪亮，如同包围家人的树叶一般。

父亲工厂后面生长的参天大树下，女儿带着一家人回来。每天都上演着那样的故事。

左页 / 外观呈椭圆形的筒内部是楼梯间。（渡边先生的家）

右下 / 大屋檐、圆筒和植物。

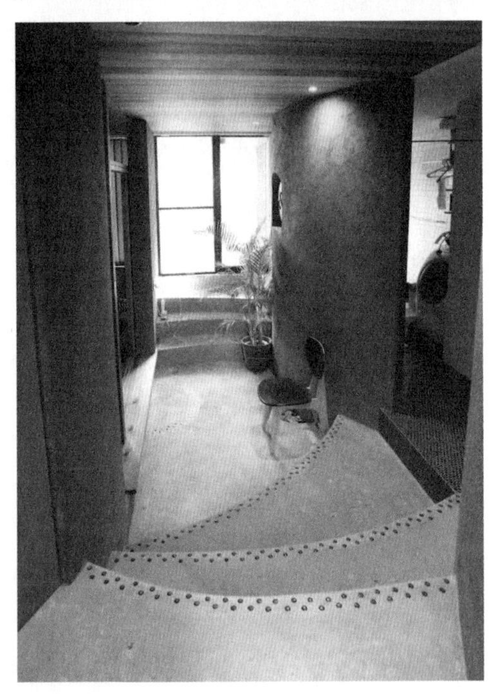

上 / 楼梯间和通风口。

下 / 一楼通过地板、曲面的高差，营造出室内小巷般的生活场所。

上 / 厨房、餐厅和起居室。

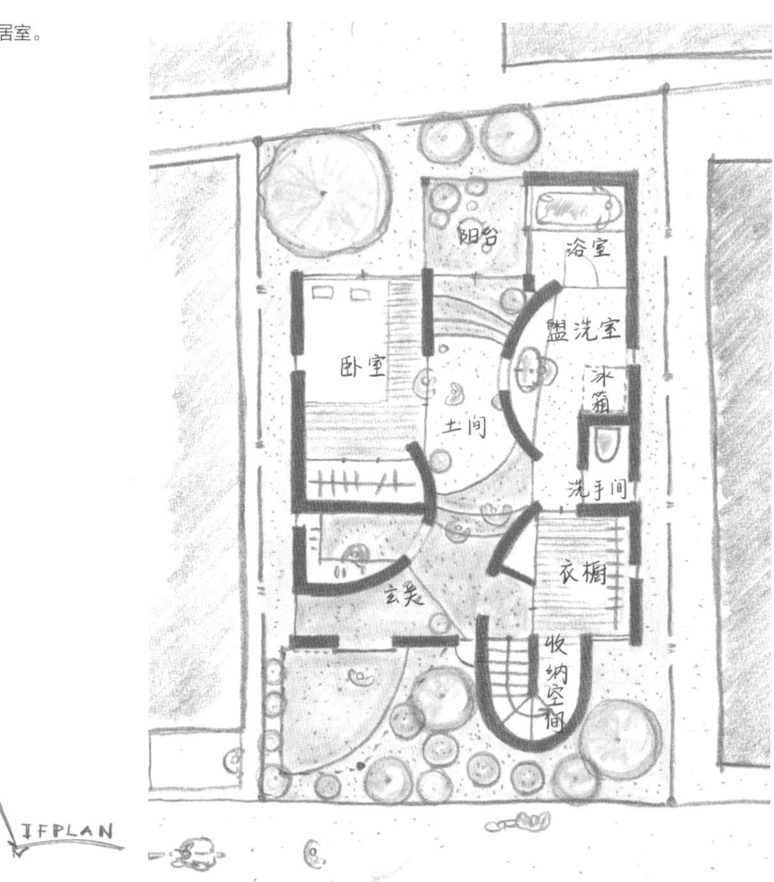

62 与人产生羁绊的地图

如果要建造房子，我们首先会画一张设计图。既是为了向某人做说明，也有分享的目的，上面写着起居室啊、卧室啊、玄关啊等概括人们行为的房间名称。

“道路”“公园”之类也同样，最初只是方便起见，不知不觉中慢慢形成了边界线，等回过神来，我们已经被那些名称给牢牢束缚住了。

这份地图是孩子们的解读，上面只写着行为相关的词语，“这样使用哦”以及“这样会很有趣的场所”。

于是，便能描绘出一圈一圈来回走动的路线了。在家虽然要做各种各样的事，但全部都要与人产生羁绊。

这幅画的名字叫“与人产生羁绊的地图”。真的很棒。

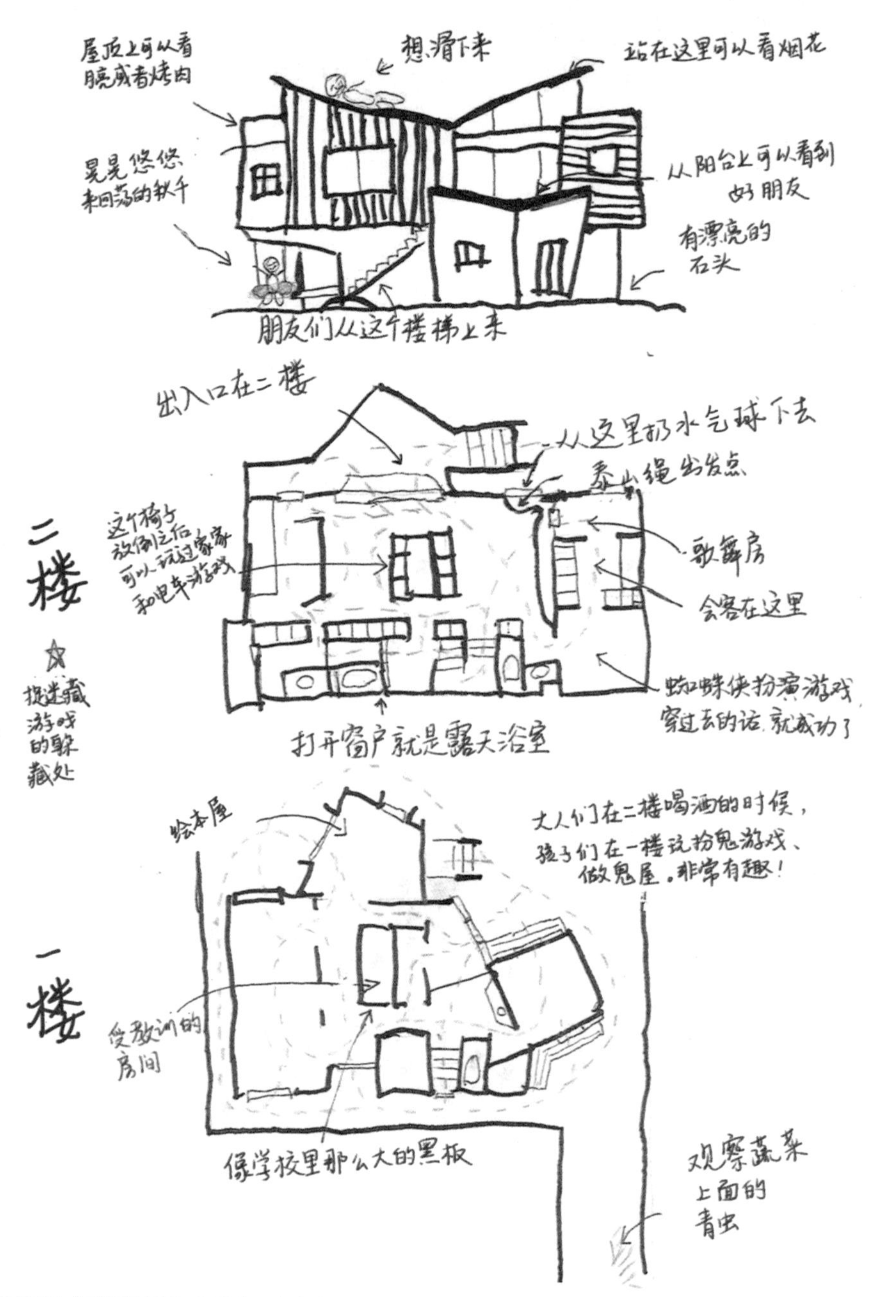

左页 / 从旗杆式宅地（四面被包围，只留有一条小路和外面街道连接的宅地形式）的入口处起，穿过一楼的檐廊部分，一直延续到二楼的外楼梯。街区、宅地和家好像全都连在一起。

右页 / 入住后，孩子们画的“我们家”导览图。对建筑家来说是最大的幸福和最好的礼物！（hitotunagari 之家）

上 / 设想过多种类型的生活场所后，我在二楼起居室里制作了移动家具。

中 / 从玄关檐廊处看绿化道。矮树篱是孩子们潜伏起来偷偷溜出去的通道。

下 / 能够眺望绿化道的阳台。从外楼梯经由阳台，能直接进入二楼的起居室。

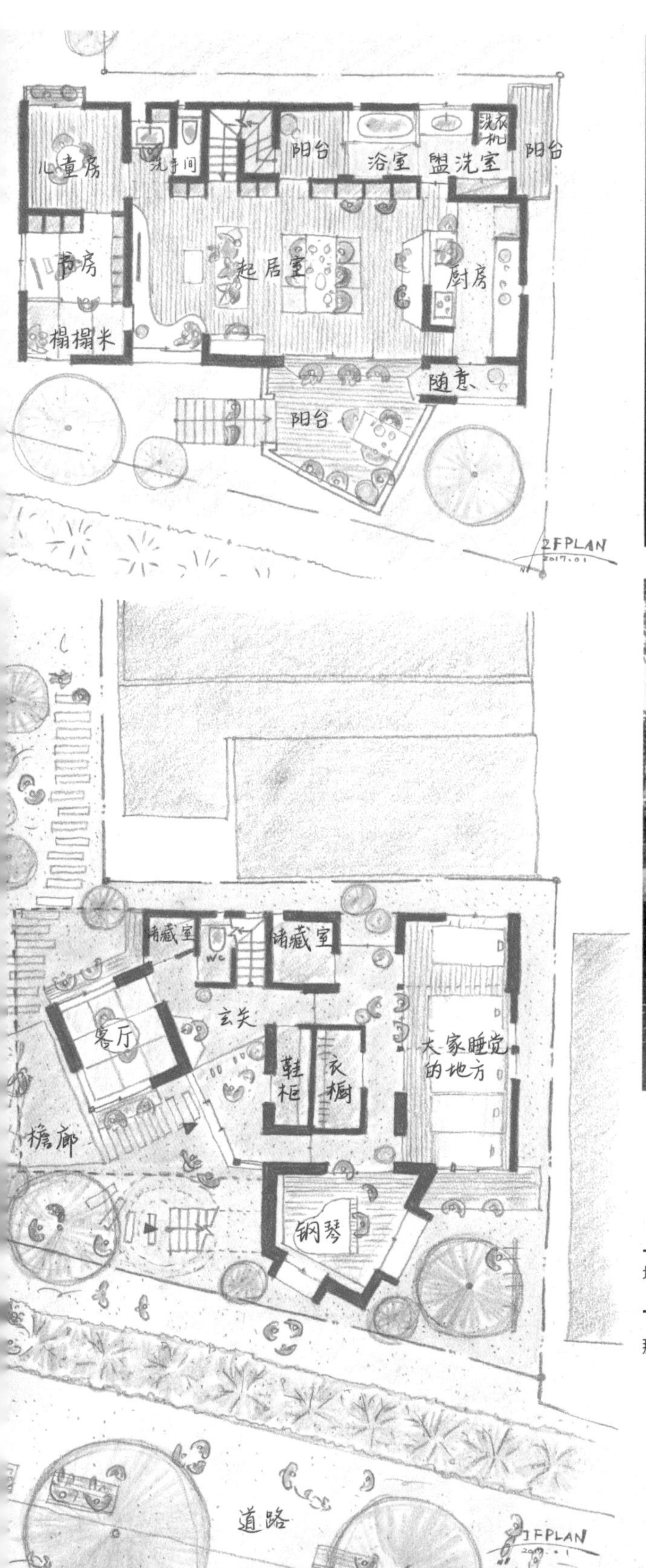

上 / 窗台拥有柔和的曲线，也成为人们的日常生活场所。

下 / 人来人往的绿化道。混凝土像隆起的岩石一般，那份存在感守护着我们的生活。

63 拥有内巷的家

每次走访古老的日本町家，进入玄关后，仍旧延续着外面一样的土间。“咦?”虽然心有疑惑，但感觉非常舒畅。尽管在里面又仿佛在外面，有种占了便宜的心情。

宗次先生喜欢留有那种氛围的街区，也很想住在那里。宅地只有 72 平方米左右，要建造容纳五口之家的房子，三层建筑是必需的。

因此，我计划把玄关放在二楼，用外楼梯做连接，即便打开玄关，仍有一种街区小巷在延伸的感觉。就算待在家里面，也如同在街上一般。

穿过土间后抵达的和室，仿佛悬浮在半空中的“独栋小屋”。又加上一楼也有进出外面的土间，即便三层建筑，也可以是随处都同街道相连的家。

就算是面积不太大的房子，但像这样，在家里设计一个内巷空间，把街道让入其中，便使人忘记实际的房子大小，“啊，正住在这条街上呢！”这种感觉随之袭来。

左页 / 进入二楼的玄关，内巷空间里仍有外面一样的外廊。

左 / 虽然在家里，却有一半在外面的开放感。不过，鞋子要脱在哪里呢?

中 / 进入房子内部后，依旧能通过内巷感受外界的样子和朱红色和室的存在感。

右 / 以二楼的玄关为主，但一楼玄关同样能够进出，这是关键点。

64 暧昧模糊的度假村氛围

“喜欢度假村一样的空间。”若井先生说。

“那个，大家都喜欢啊！”虽然我立刻想深入讨论，但转念又想到，“度假村一样的空间”到底是怎样的空间呢？

建造房子这件事，一般来说是“内部的建造”。那么，内部一定是建得越多越好吗？通过长期工作我明白，并非这么回事。

若井先生所说的“度假村一样的空间”，肯定是内外“暧昧模糊的空间。”从褒义角度去解释的话，“暧昧不清”也就是“哪里都有。”

下 / 从起居室看向西侧的室内阳台。从室内阳台照进来的夕阳有一点儿戏剧性！

右页 / 面朝道路的西侧室内阳台。

因此，关于若井先生的家，我在细长形房屋的前后两端都规划了室内阳台，并取名为“暧昧模糊的空间”。

这个没有窗、只有屋顶的空间，放上桌子就像在家里一样，下雨天也能心平气和地感受外界。既像在家里面，也像在家外面。

最重要的是，这个空间位于日常生活和街区之间。即便是都市住宅，不用窗帘等任何遮挡物便能安心度日。把窗户全部敞开后，风便吹入家中。

不需要那么黑白分明，只要少许一点儿暧昧模糊，都市住宅也能产生度假村的氛围！

上 / 东侧尽头也有室内阳台的穿透感。
左下 / 从玄关看道路。楼梯间隙中漏出的阳光照向玄关。（若井先生的家）
右下 / 原本的宅地就有高差，利用它设计成一楼和二楼之间的室内阳台。

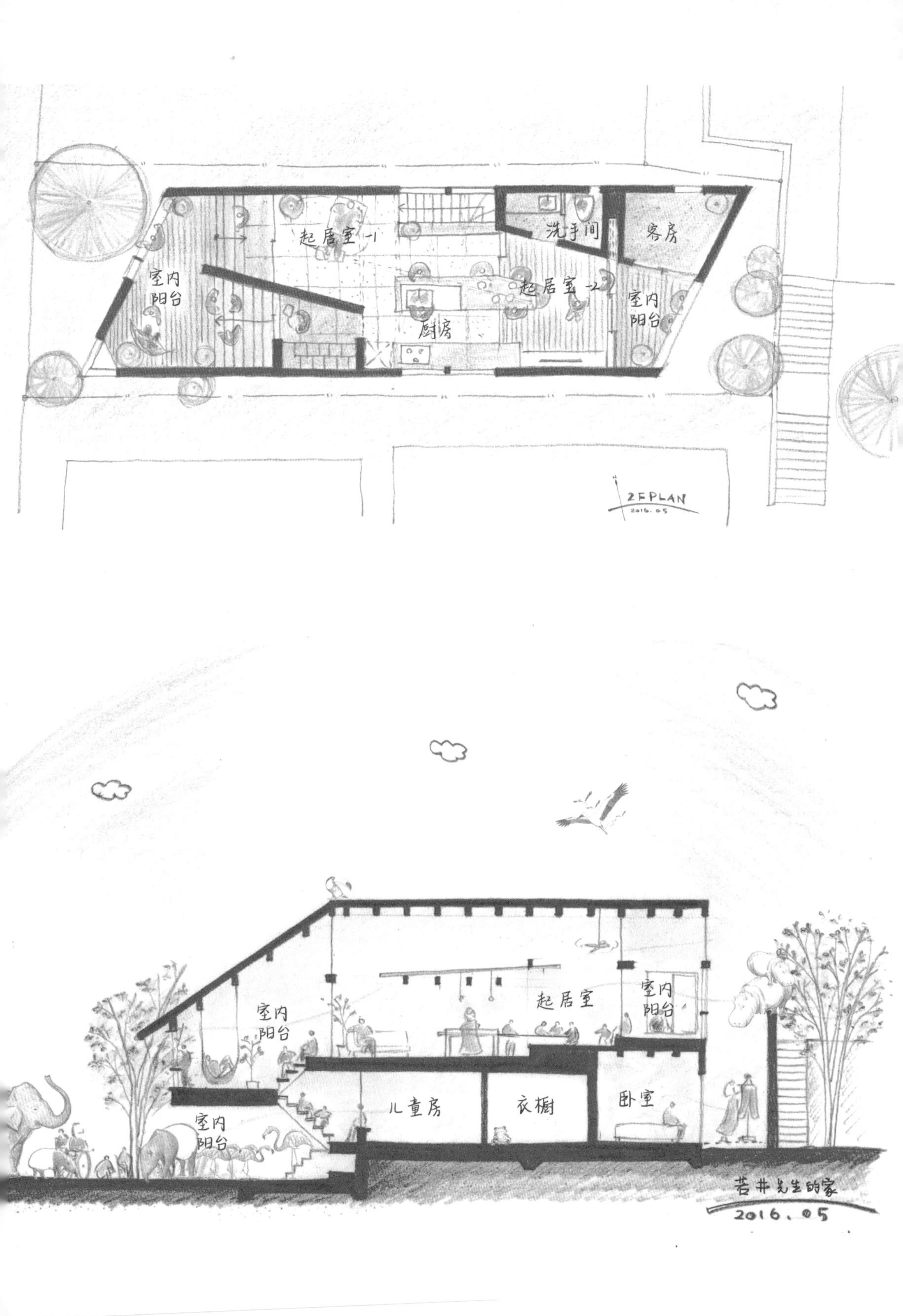
起居室-1
洗手间
客房
室内
阳台
起居室-2
室内
阳台
厨房
2FPLAN
2016.05
室内
阳台
起居室
室内
阳台
儿童房
衣橱
卧室
室内
阳台
若井先生的家
2016.05

65 一举两得的中庭

拥有中庭的房子，总是觉得哪里给人一些缺憾。一楼的中庭，只能从一楼欣赏；二楼的中庭也同样。

鸿巢先生家的宅地属于旗杆地，别说三面，连四面都被其他住宅包围的封闭式环境。无论朝哪个方向，视线都无法完全穿透，如果有一个从一楼到二楼都能享用的中庭，这个家或许能成为街道的延续吧？因此，我将这个家的中庭设计在一楼和二楼的正中间。

身处一楼的时候，天花板和中庭之间有自然光照进来；二楼稍微往下，则是外廊一样的场所，也能够尽情欣赏中庭。正因为在半当中，无论从一楼还是二楼都方便进出。

不同季节去拜访鸿巢先生家的时候，孩子们玩乐的场景一直留在我脑海中。中庭下面的低矮空间，则是隧洞一般的收纳空间。不仅一举两得，简直是一举三得的中庭传说。

左页 / 二楼往下 75 厘米的地方便是中庭，同一楼之间的立体关系令人愉悦。

左 / 进入玄关的瞬间，就能够感受到中庭。中庭下面是隧洞式的收纳空间。（鸿巢先生的家）

右上 / 从屋顶往下看中庭。

右下 / 通往二楼的楼梯半途，也能够出来到中庭。

66 脱鞋子的场所

在日本做房屋设计，竟然会考虑脱鞋场所这一项，令我思考良久。

为何会如此？也许是因为有“走上来”一词。不知不觉中，日本人身上便拥有了一种精神性：把脚走上去的场所定为“上”，脚走下来的场所称为“下”。这种精神性，也可以说是把某处作为禁区的边界意识，上（内）是干净漂亮的场所，此外全都被看作是下（外）。

举例来说，穿鞋经过的场所基本都属于下，家里的庭院是下，道路也是下。仅仅这样考虑问题的话，精神世界未免有些狭隘了。然而反过来利用这种精神性来做设计，就能在家里营造出外部一样的场所。即使隔壁房间，也能从心理上制造出“独栋屋子”的距离感。我想好好研究这种作为日本人才能感受到的空间体验。

无论穿上鞋还是脱掉鞋，我都希望建筑能与街道融为一体。

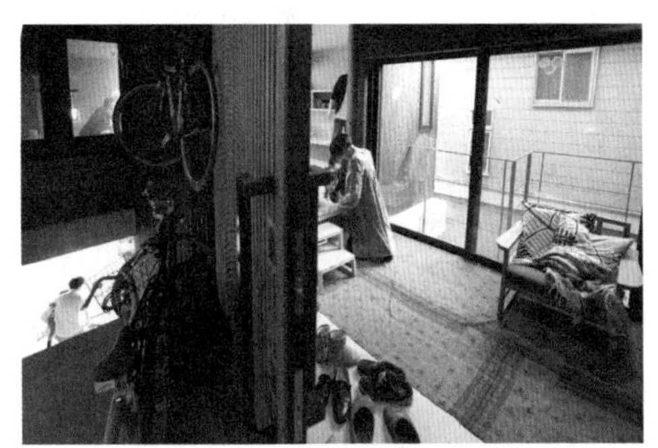

左页 / 圆形的脱鞋场，可能终究是日本的玄关吧。（加藤先生的家）

左上 / 玄关仿佛露天平台，一直延伸到家里。（中泽先生的家）

左下 / 改变客厅入口处的氛围，心情也随之变化。（Asa先生的家）

右上 / 穿着鞋可以绕到后面，也可以进入收纳空间。（hitotunagari 之家）

右中 / 没有高差的情况下，铺上地毯就能区分出上足和下足的空间。（kusukame-kuno-kuno 之家）

右中下 / 土间仿佛一直延续下去的玄关。（饭村先生的家）

右下 / 用古建材进行区隔的玄关。即使脱掉鞋子，土间仍在延续。（田口先生的家）

第八章

分享式设计

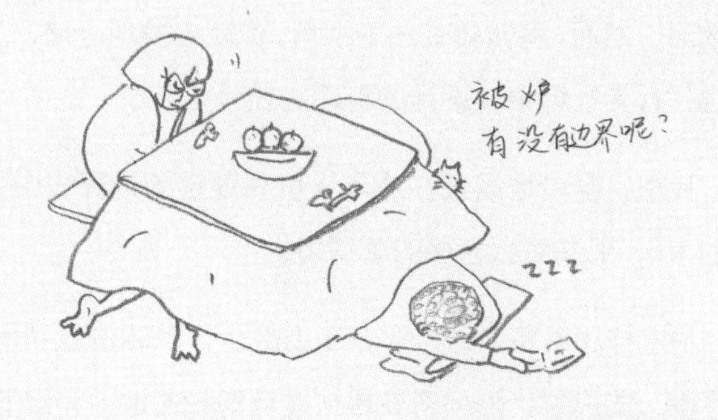

当委托人把定下来的宅地交给我们，设计工作大体就要开始了。然而人性如此，即便定好了框架，也难免要超出限制。

我读书的时候，总是一不留神就做出超过宅地范围的设计。成绩自然是不值得一提的，坦白说，为什么这样就不行呢？我至今都没找到答案。

现在，有时我站在教授别人的立场，每当有学生提交超出宅地范围的设计时，我都忍不住想说："喂，大有前途啊！"实在生不起气来。

不过呢，我现在也是正经的成年人了，姑且披着建筑师的假面具在生活，至于超出宅地范围的设计，暂且还是忍耐一下为好。作为补偿，我总是一边幻想着"啊，真真切切住在这条街上"，这是多么奢侈的感受啊，然后一边做着设计。

是的，土地很贵，施工费用很高。所谓家的建造，的确是花费许多金钱购买到的物品。然而，稍微转变一下视角，你就会发现心绪、情感上获得的免费赠品有很多，这也是现实社会中做设计的有趣之处。

我想，自由地居住在成年人世界既定的边界线中，并感受到"这条街本身就是我的家"，那是多么奢侈的事情啊！

我这样思考着，时不时在街上散步，然后注意到一点，每当遇到让人惊呼"啊，真不错"的风景，为何多数是从建筑物和宅地中突出的东西呢？屋檐、招牌、帐篷、长椅、植物，等等。

仔细想想，“突出”这个词语本身就带有一点儿暴力性。然而从建筑物里突出的屋檐、长椅，反过来却给人容易亲近的感觉，这是为什么呢？

也许是因为街道、建筑，看起来一副要与人产生关联和羁绊的姿态？比如说，把建筑的这种姿态称为“分享式设计”。所谓“分享”，词语本身的意思是把自己的东西分给他人。分出来、给予，言下之意是“受到损失”。然而当你接触到这种“被分享出去”的设计时，以及看到街道上的小小摆设，不知怎么就感到幸福起来。

将那种风景同建筑叠加起来看时……我总会联想到参天大树、大型动物的样子。河马和鳄鱼在河边张开大口，背上停着小鸟和小虫。森林里的树木伸出巨大的枝丫，包围、守护、接纳着我们，尽管外表朴素，却是许多生物的栖居场所。

它们外形巨大，拥有厚实的皮肤，也许并不清楚到哪里为止是自己的肉体。那是幸福的，一边不紧不慢地编织着自己的生命，同时也为各种各样的生物提供栖居之地。

分享式设计，绝对不是一种损失，而是人与人之间产生羁绊的关键词。

67 保留有用空隙的方法

“养育我长大的那条街上，空隙渐渐消失了，真是够讨厌的！不过也没办法啦。”

听了田崎先生的喃喃自语后，我也坦率地认为：“的确是这样啊。”

眼看街上的宅基地被一点点分割、转卖，紧接着变成密集型住宅地，实在是无可奈何的事。但现实是不建房子也不行。于是我开始思考，从法律法规上来说，建造房屋反正都要有空隙，比起什么用都派不上的空隙，不如设计成有用的空隙，怎么样？

举例来说，在宅地上画一条斜线，形成的空隙是三角形。同样的面积，三角形能够种植足够多的植物，而且大型三角形还能兼用作停车场和玄关空间。

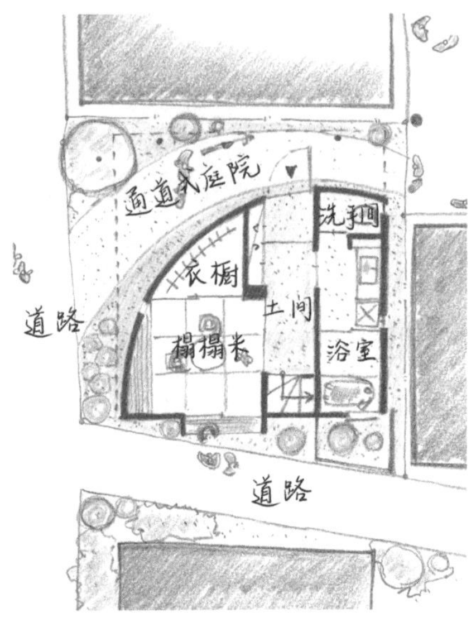

町线（规划街区的分割线）也能起到同样效果，即使同等面积，却能提供更多绿色风景。与此相比，还有一项最重要的副产品，当你待在这样规划出来的房子里时，不可思议地同紧邻各家没有视线碰撞，反倒感觉和远处街区的空隙息息相通。

从那以后，只要有一点点余地，我都会坚持在街区中设计有用的空隙。NIKO 的方案有时候看起来歪歪斜斜的，这正是理由所在。

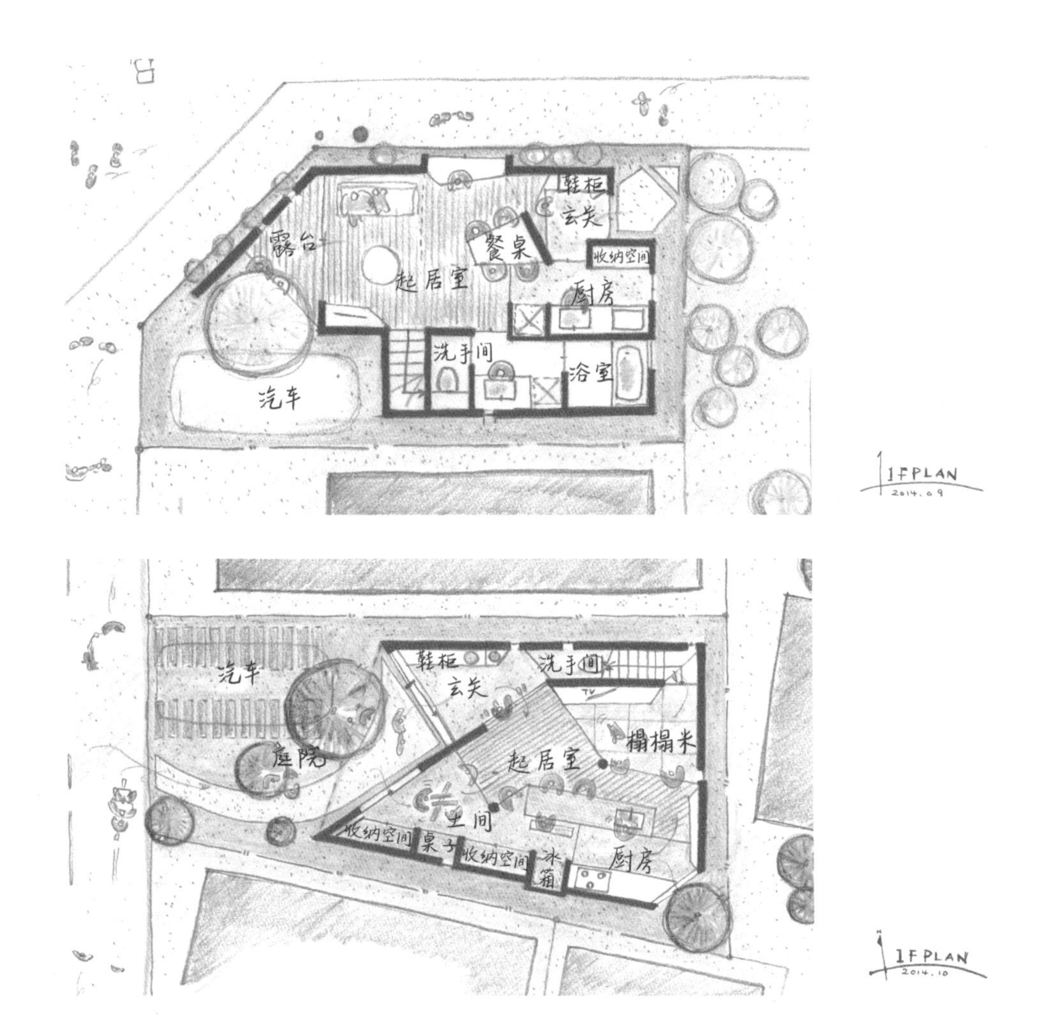

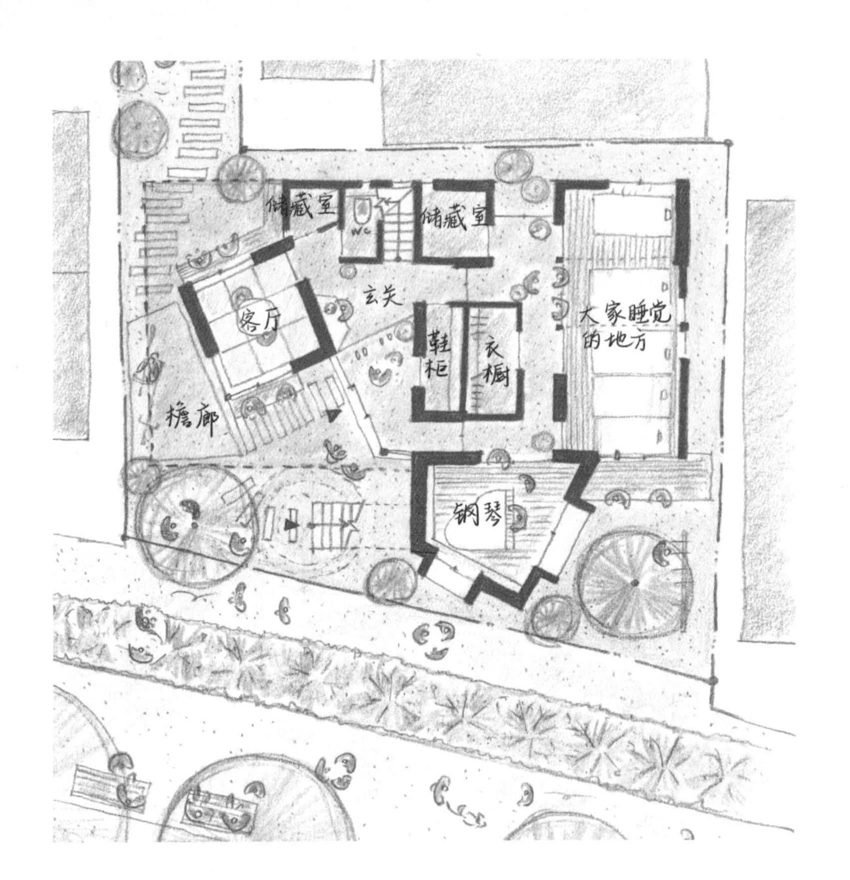

储藏室
WC
储藏室
玄关
客厅
鞋柜
衣橱
大家睡觉的地方
檐廊
钢琴

JFPLAN

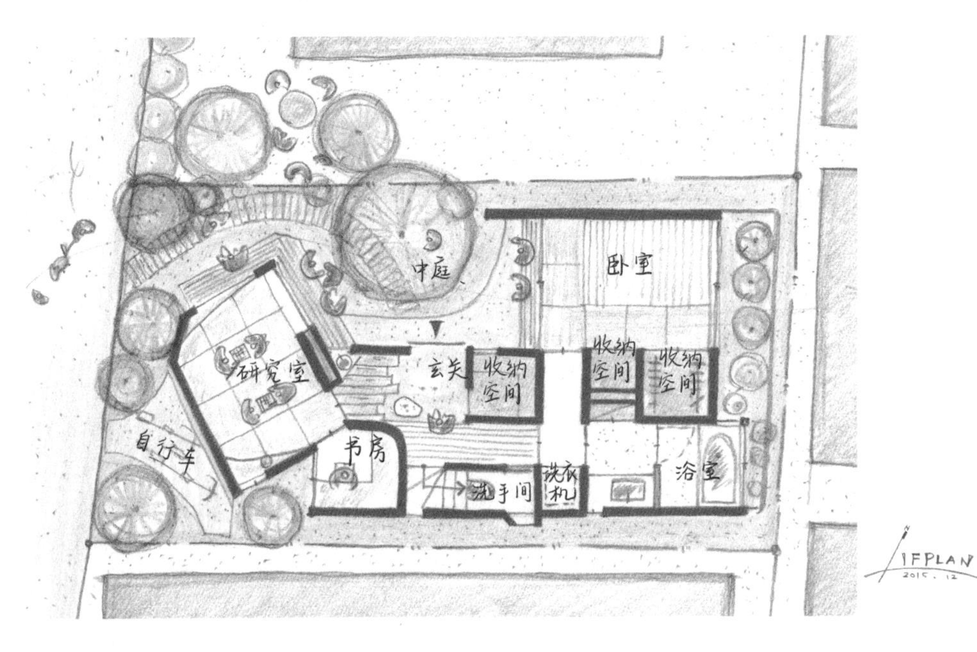

中庭
卧室
研究室
玄关
收纳空间
收纳空间
收纳空间
自行车
书房
洗手间
洗衣机
浴室
JFPLAN
2015.12

68 想在家里迷路

中道先生在这片地区经营美容院已经超过十年了。

他希望借此机会，将自己家和美容院合并在一起，同时设置全身理疗房和出租店铺，成为更多左邻右舍随便来串门的地方，这便是项目的开端。

我难以忘记最初见面时他说的话:“首先，请忘记美容院的设计，然后，想在家里迷路。”究竟是店铺，是家，还是干哪一行的人？谁是客人，谁是美容师也分不清楚，这样的地方就很好。

参照中道先生的想法，我将房子周围内道般的小路引入宅地中央，以此为核心开始规划。有点儿半开玩笑的意味，二楼中央以中道先生的姓为由来，设置一条名为“中道”的小巷，接下来，逐渐扩展成立体的巷弄空间，包括通往二楼的门廊和内部空间。

位于美容院和沙龙中间的“中道”。巷弄般的小路，从外面街道引入到里面。

可以想象，街区般的体验会持续渗透进来，从现在起很长一段时间内，店铺和住所也将像这样互相交替，互相侵食。

项目完成后，中道先生联络我说：“结识了想快点儿参与进来的好伙伴，要不把车库改造成店铺吧。”

像街道一样的家，像家一样的街道。无论哪个在前面，那样的世界一定很棒。

左上 / 从道路进来的门廊。包围中庭的所有岔路，都给人一种迷失在街道的感觉。

左下 / 从檐廊部分望向庭院。一楼有三家店铺，爬上外楼梯就能到达居住空间。

右上 / 分不清哪里是家、哪里是店铺的呈现方式。

右下 / 作为屋主工作场所的美容院。

上 / 从屋顶往下看露台。
左下 / 居住空间的玄关。左侧通道成了厨房储藏室，家里如同街道的延续，设计成能够来回穿行的动线。
右下 / 从二楼的室内阳台望向街区。

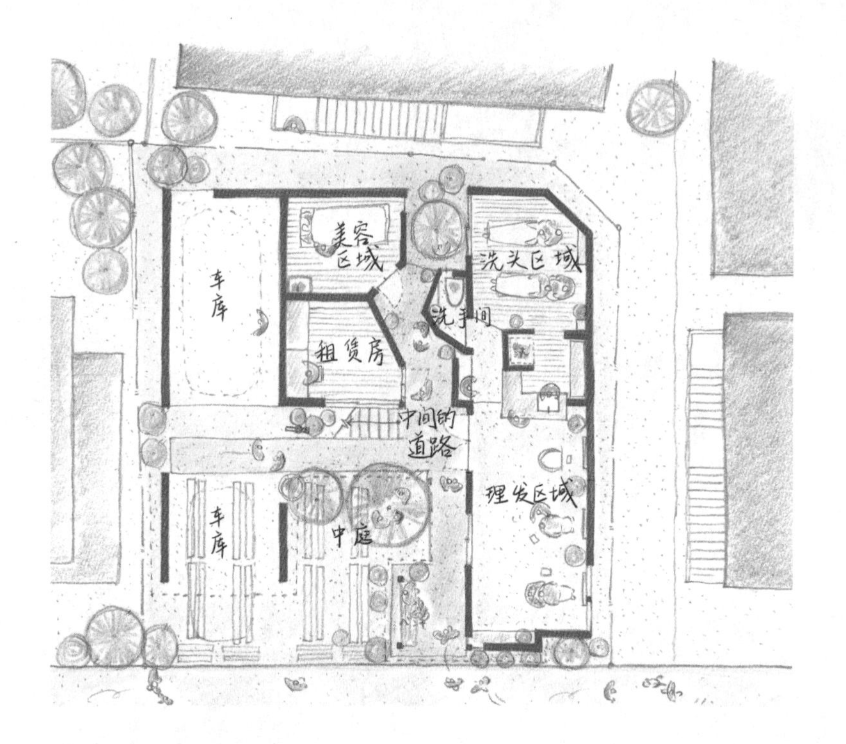
美容
区域
洗头区域
车库
洗手间
租赁房
中间的
道路
理发区域
车库
中庭

1F PLAN
2016.04

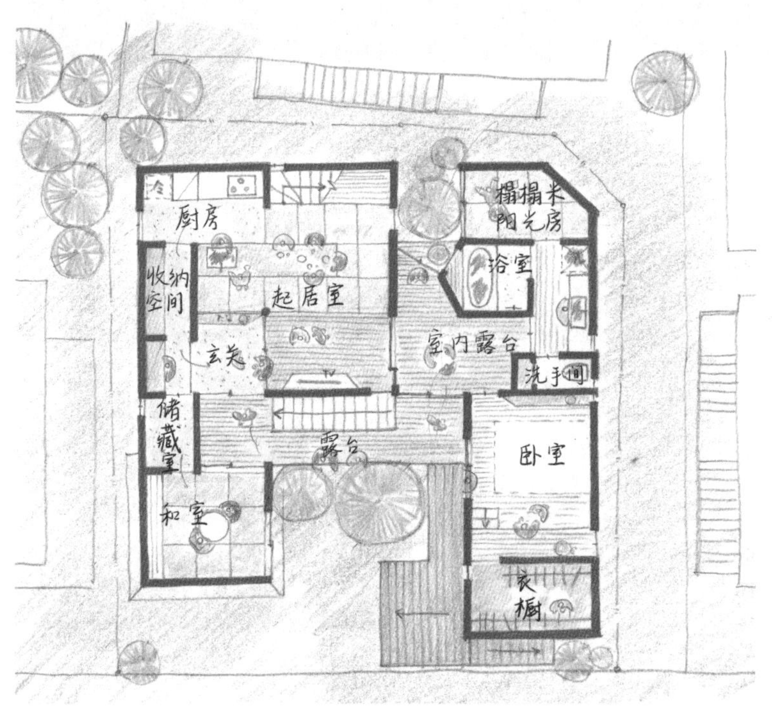
厨房
榻榻米
阳光房
浴室
收纳
空间
起居室
室内露台
玄关
洗手间
储藏室
露台
卧室
和室
衣橱
2F PLAN
2016.04

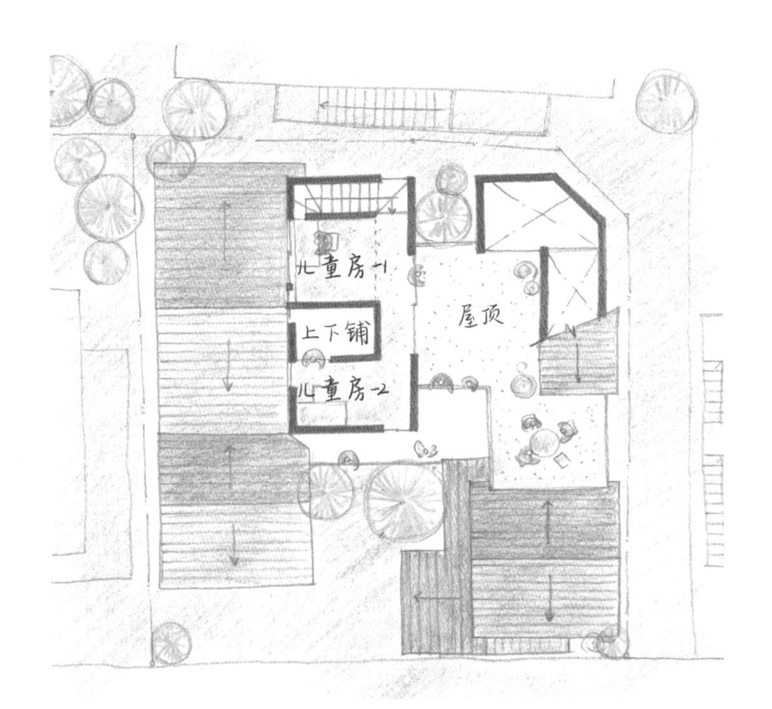

一楼平面图 / 一楼由三家店铺和停车场构成。

二楼平面图 / 二楼是居住空间。避开外面街道的视线、守护日常生活的同时，采用了没有死角尽头的洄游式设计。

三楼平面图 / 三楼是儿童房和屋顶空间。视野很好，晾晒衣服也不会引人注目。

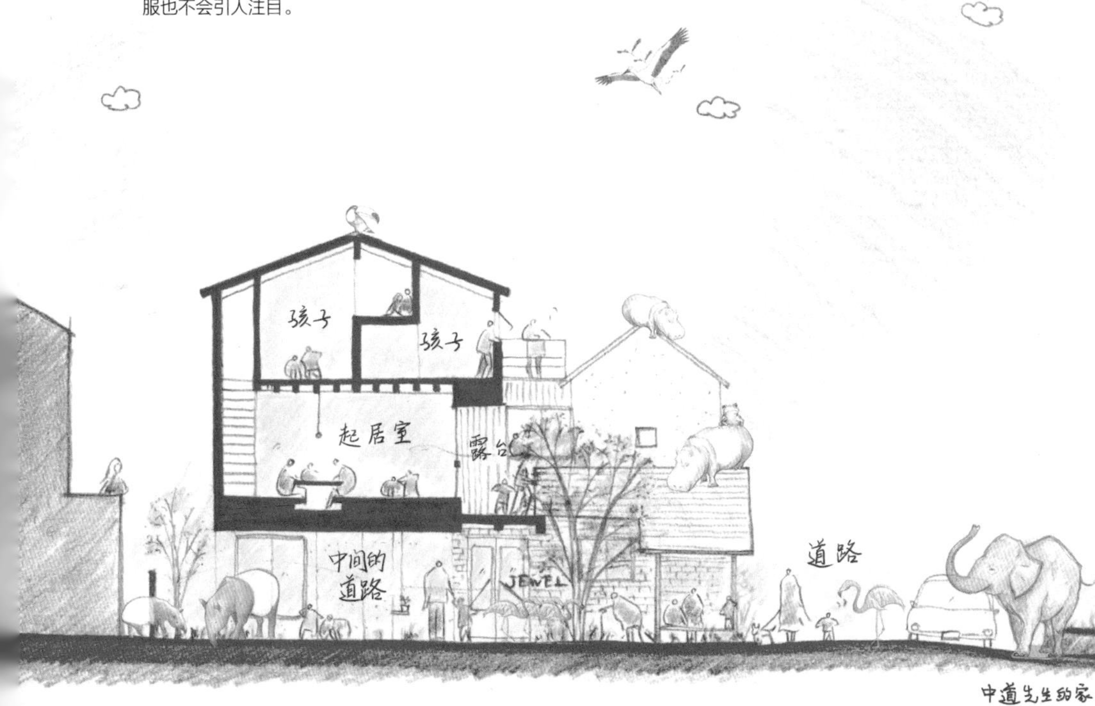

69 编织家与街道的缘分

“外廊这个词真好啊！按照字面理解，就是产生羁绊的地方。想要这样的家啊！”这是接受委托时，夫人对我说的话。

按照计划，一开始是夫妻两人住的家，因此考虑问题全都用“可能”来结尾。可能会生孩子，所以可能是两个人，也可能是三个人。将来，父母亲可能一起来住。那个时候，可能会开一家兴趣工作室。因为两人都要工作，白天可能家里没有人。但到了休息日，希望附近的孩子可以把我们家当成公园一样的地方来玩，等等。

话虽如此，宅地却位于拐角处，人来人往，过于开放式的家也令人不安。于是我提出了以下方案：在家和街道之间，设计一个小小的“独栋小屋”。目前没有任何用途，但是这个空间包含了将来的无限“可能性”。

把未来的“可能性”空间放置于家和街道之间，我认为这样设计的优势是，家仍是家，街道仍是街道，边界却融合为一体。

超越时光、编织着家庭与街道的缘分，真不错啊。按照委托人要求设计的特大号外廊，已经完全变成附近孩子们的游乐场了。果不其然，是有缘分的地方啊！

左页 / 去玩的时候，太田代夫人从外廊上招呼“你好啊”。日常生活也渗透到外面和街道上，的确是“有缘的地方”啊！

左 / 孩子们已经对外廊生活习以为常了。到底哪里才算外面，根本没有关系嘛。

左页 / 天气晴朗的午餐时分，总是把桌子搬到外廊上享用。不必担心洒出来，甲板下面就是地面。窗户全部敞开之后，内外的边界消失了，孩子们也光着脚跑进跑出。

左上 / 轻轻松松就能爬上去的屋顶，是第二个外廊。
左下 / 外廊的甲板一直延续到家里。里面的客厅有一部分是下沉式，有点儿像被保护起来的空间。
右上 / 家和街道之间的“独栋小屋”是非常重要的存在，它有效地守护着日常生活，并起到连接作用。

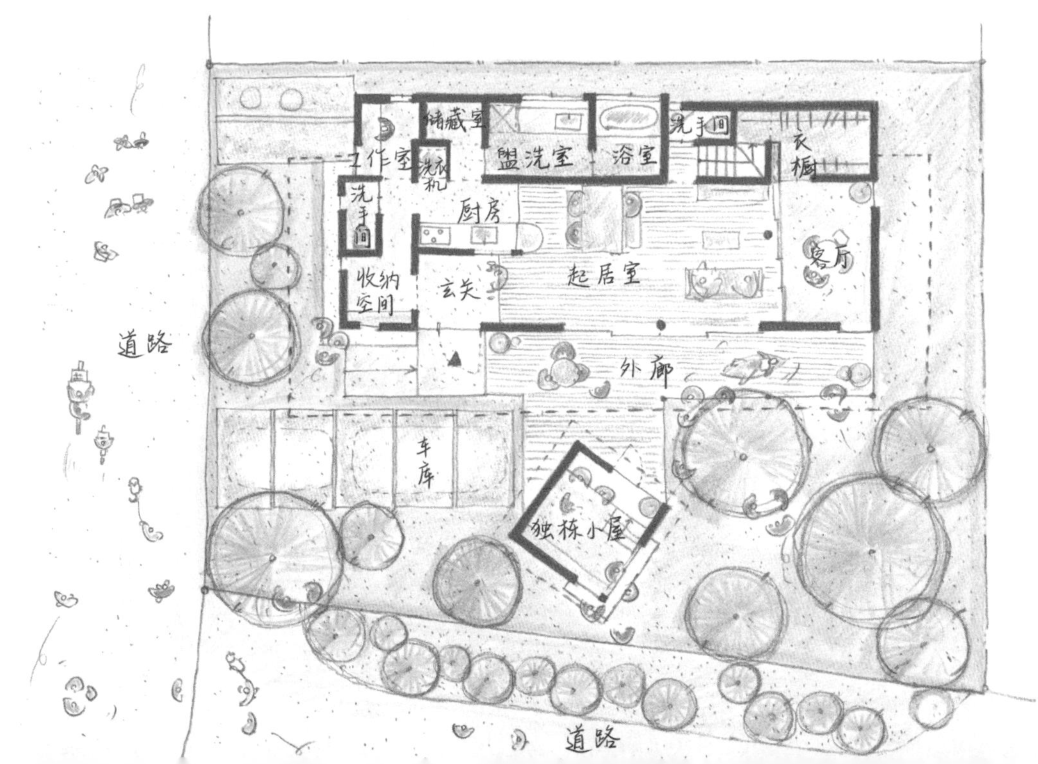

70 森林中小小的家

房东 Vashist 在故乡印度建房子时，会遵循一个风俗：在自己家中建几间出租房。

首先，年轻夫妻和孩子住在小小的一间里，把其他房间租给别人。那期间，如果自己需要儿童房了，就把其中一间收回来变成儿童房。然后孩子长大成婚，再继续扩张，慢慢减少租出去的部分。等到更遥远的未来，孩子夫妇建起了属于自己的家，那就再回到之前的状态。

与日本的状况大相径庭，日本人通常将一块大宅地切分开来售卖，而印度人对于家和家庭的思考方式则更有远见。

说起来，我的外婆也是如此，把房子兼用作点心店、自住房、寄宿公寓，连不认识的人家每天都会来外婆家泡澡。

同时，鹿儿岛出身的夫人向我表达了对家的想象——“森林中小小的家”。与之相反的是，租赁共用住宅给人的印象是十分狭小的住房。为了匹配这种全然不同的形象，我好不容易才设计出一种折中方案，既是几个家的集合，也是一个家的整体。

家究竟是什么？家庭究竟是什么？将这个词的意思稍微扩展一下，眼前出现的世界便截然不同了。

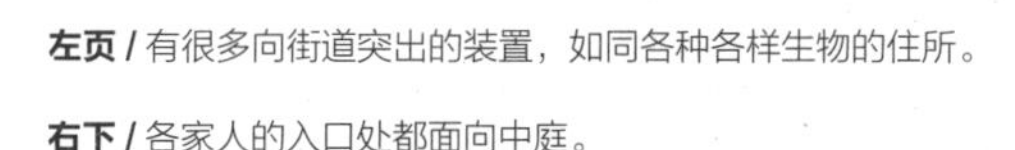

左页 / 有很多向街道突出的装置，如同各种各样生物的住所。

右下 / 各家人的入口处都面向中庭。

71 住在这条街上的感觉

好不容易下定决心要住在地平面上，却惊愕于自家宅地之小。面对都市住宅，任谁都会这样觉得。那种时候，就让我们把情感倾注到街区上吧！

宅地边界线仅存在于设计图上，你所居住的地方是这条“街”。你家的宅地，连接着四面八方的街道。“啊，正住在这条街上呢！”为了实现这种想法，需要有小小的谋略。首先，在面朝街道的方向建一个外廊吧！

就算一点点也好，外廊只要同家里相连接，那就更加美妙了。比方说，孩子乘坐妈妈的自行车前，外廊就是充当多功能台的场所；星期天，孩子们在路上玩耍的时候，外廊则是父母的休憩地；外廊是孩子们从学校回来、进家门前嬉戏打闹的场地；是暂时放一下购物袋、稍作休息的场所；是工作晚归时，打开玄关之前稍微发一下呆的地方。

无论一家人如何变化，这种往家外面稍做延展的设计，总能够让家和街道婉约地相连接。

“住在这条街上，意外感觉很不错啊！”如此感叹的话，也许正是宅地已深深融入街道的证明。

面朝街道开口的房间全部打通，天气晴朗的周日便非常惬意。即使是养育完子女、数十年以后的将来，也能在此度过与社区息息相关、毫不寂寞的老年生活。（山崎先生的家）

72 让房子充满对未来的憧憬

尽管是关于家居设计的商谈，小川夫妇却总说着和朋友在“家外面”欢度时光的话题。

我甚至认为，“这两个人，其实根本不需要家吧……”完工之前，他们动不动就提到未来的事，“到时候想跟朋友在外面做什么什么啊……”

因此，我尽可能不过度设计建筑物本身，而让日常生活时常和户外以及街道相连。街道和宅地、街道和家、家和车库、内和外、浴室和走廊，等等。我将两个场所之间的暧昧地带，设计成不同季节、天气、以及一天中的任何时间，都能够愉快度过的地方。

那样的“中间地带”在小川先生家有许多，并四处分布。原本长在土地上的大桂花树和大枫树，按照原样保留下来，我打算设计一个能让许多人尽情吃喝玩乐的美味之家。

“那时候，一起去做什么什么吧！”关于将来的话题，在房子完成后也仍旧持续。每次拜访时我都深深感叹，这样的生活太有小川家的范儿了，真的太棒了。

左页 / 小川先生的家，到处都分布着户外生活场所。

下 / 能够从不同的高度享受户外。最重要的是下雨天也能悠然度日的外部空间。

上左 / 宅地上原本就有的树木和石头，在保持原样的基础上，进行建筑设计。

上右 / 家门口像公交车站一样的檐廊。

下左 / 天气很好的日子，在外廊上。

下右 / 待在家里也能感受到户外，各种场所零星分布。

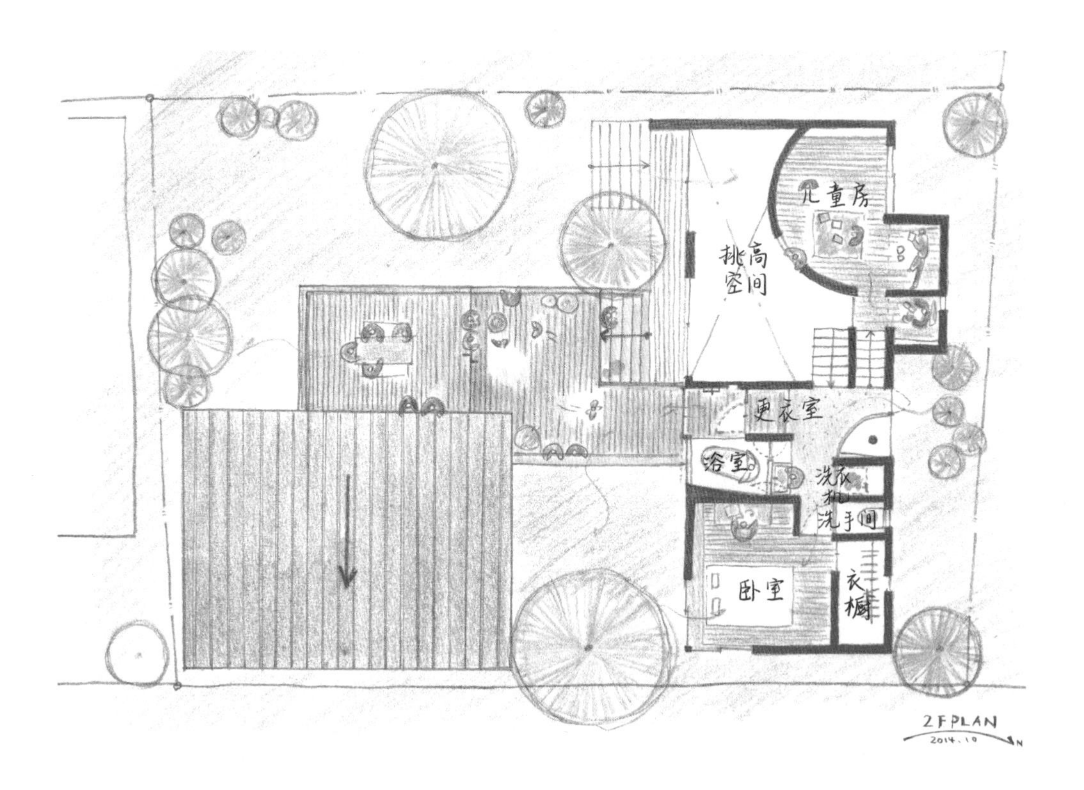
儿童房
挑高
空间
更衣室
浴室
洗衣机
洗手间
卧室
衣橱
2F PLAN
2014.10

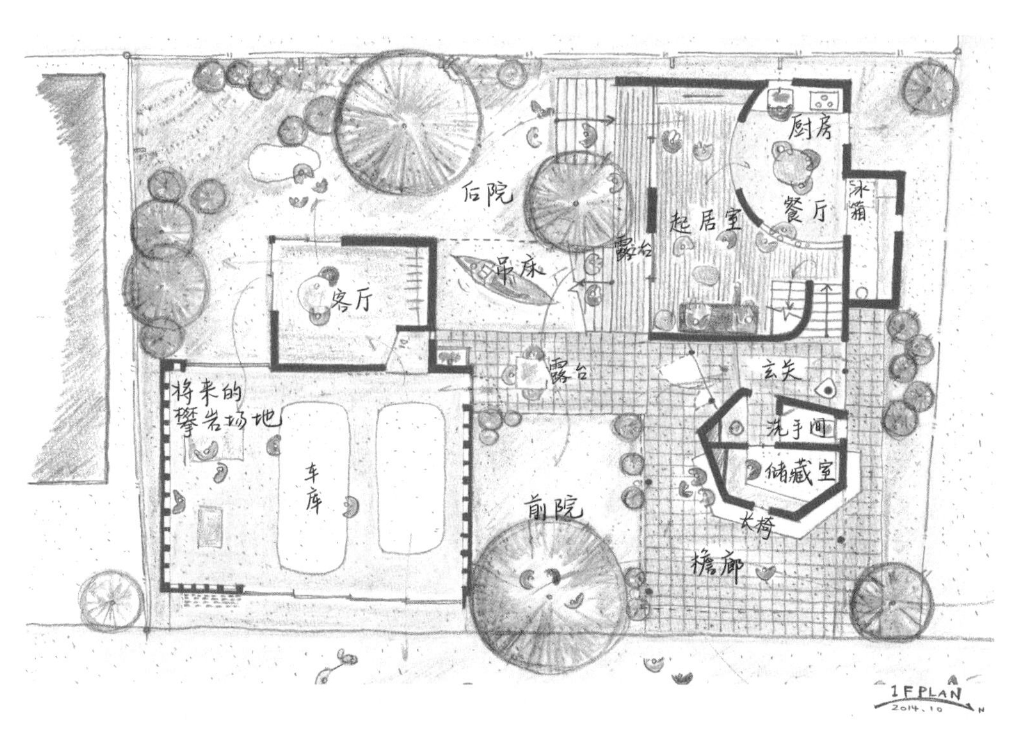
厨房
冰箱
后院
餐厅
起居室
露台
吊床
客厅
露台
玄关
将来的
攀岩场地
洗手间
储藏室
车库
前院
长椅
檐廊
1F PLAN
2014.10

73 无论到哪里都像是街道的延续

加藤先生的家，位于非常密集的古老住宅区拐角地。这里是夫人出生以及长大的街区，“想要能够感受到街区和大自然气氛的生活”。下雨就下雨，只愿享受雨声和雨的气息，如此这般。

尽管我想摆出一副无所不知的样子说，“城市里没有大自然”，然而四季、天气，每一天都随着时间推移发生变化。每个人对“舒畅”一词的定义不同，于我来说，“舒畅”的定义是街道风景、风、土的气味同每日的生活紧密相连，不用介意他人的眼光，无所

事事度日的感觉。

待在自己家中，有些恬不知耻地想着，“这片街区就是我家的地盘，哈哈！”而街区里其他人也十分高兴，“这栋房子建成了真好！”营造出这般超级舒服的感觉，正是我的目标。

实施起来可能非常困难，就像自己的事一样，有点儿难为情。换言之，“虽然喜欢人，但有幽闭恐惧症又很怕生”，这完全是符合我的人格设定的家，也和佐藤先生一家人描绘的日常生活完美匹配。

无论到哪里都像是街道的延续。

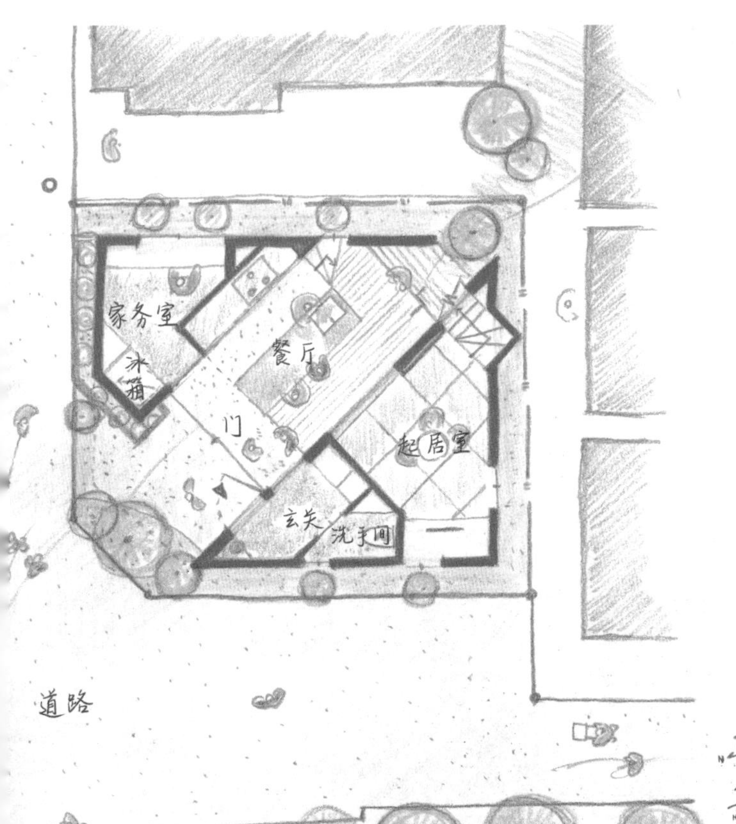

左页 / 围墙一般的盆栽茂密生长，甚至都不需要窗帘。对路过的近邻和孩子们来说，也是绝佳的风景。

右 / 进入玄关后是餐厅，能够一边吃饭一边感受雨的气息和街道的声音。

第九章

什么是理想的家

准备开始建造自己的家。

房产中介总是说“好的宅地、好的宅地”，然而“好的宅地”到底是怎样的呢？原址重建的话无须挑选土地，如果是要购买土地的情况下，离孩子的学校近吗？离幼儿园近吗？朋友多吗？离父母家近吗？离公寓和河流近吗？离喜欢的小酒馆近吗？每个人的优先顺序都不同。

当然，预算也很重要，不过适合自己才是更重要的。判断一块地皮好不好，终究还要看住在这里的人给出的答案。我认为，这才是今后建造自己家的内容重点。

不过，之所以特意写下这些事，实际上是有契机的。我自立门户十年后的某一天，收到了这样的书面联络，令人大吃一惊。“出现了对我们一家人来说很不错的宅地，所以就来联系你了！”

“对我们一家人来说”，真是很棒的说法。或许正是那里，对他们来讲饱含各种意义，也充满了各种故事，那是我无法估量的。所以我时不时会想，也许除此之外，就没有真正上的“好”了吧？回想起当时的事情，真的是比什么都开心。那样的存在本身，就多么让人高兴啊！

那么，就让我们赶紧进入正题吧。

“老实说……哪里的土地都是好的！”

通过自己的三个孩子，我体会到，即使成年之后也仍能交到好朋友，比如爸爸友、妈妈友。即使是毫无因缘的场所，也会有成为“故乡”种子的瞬间。

尽管人们常常会说“这里不是我的故乡，”但偶尔也会迸现“它能够成为故乡”的瞬间。有时候，某一家人会略带惶恐地向我咨询，“这么普通的宅地，能涌现设计灵感吗？”事到如今我可以断言，这种担心毫无必要。

“等房子造好之后，孩子跟孩子一起玩，厨房周围是妈妈们在开午餐会，而爸爸们则围着矮桌喝酒，这样的家真不错啊……就算有人直接睡过去了，也很好呢。”

从一家人的故事开始，建造属于自己的家。我想了解的，并非土地面积和形状，实际上只有这一点而已。

74 狭长得像街道一样的家

好多年前的事了。某天我接到一个电话，“正好有事要来东京，虽说有点儿匆忙，明天可以去你们事务所吗？”翌日，我听到门口传来精神饱满的声音，“您好啊！”

那是四口之家，由一对夫妇和两个脸上晒得黝黑的棒球少年组成，而且夫人还挺着快要临产的大肚子。对于这一家四口来自远方的拜访，尤其是挺着大肚子前来，我十分感动。这便是我同曾根先生一家相遇的过程。

夫人很年轻，兄弟二人则拥有野生动物幼崽般的纯粹眼神与温和敦厚的表情，我至今难以忘怀。

在初次造访的事务所里，以及不认识的叔叔面前，孩子们发出如下感叹，“突然被带到不认识的地方，完全没有头绪，但妈妈他们好像有很重要的事。”

过了几天，我去实地考察他们家的宅地，被吓了一跳。面积虽然有 100 平方米，但是长 20 米，进深只有 3.8 ～ 5 米。这块宅地非常狭长，就像是车头扎进去，车尾还留在外面的马路上一样。既然沿街部分那么长……本身就是街道的设计嘛。

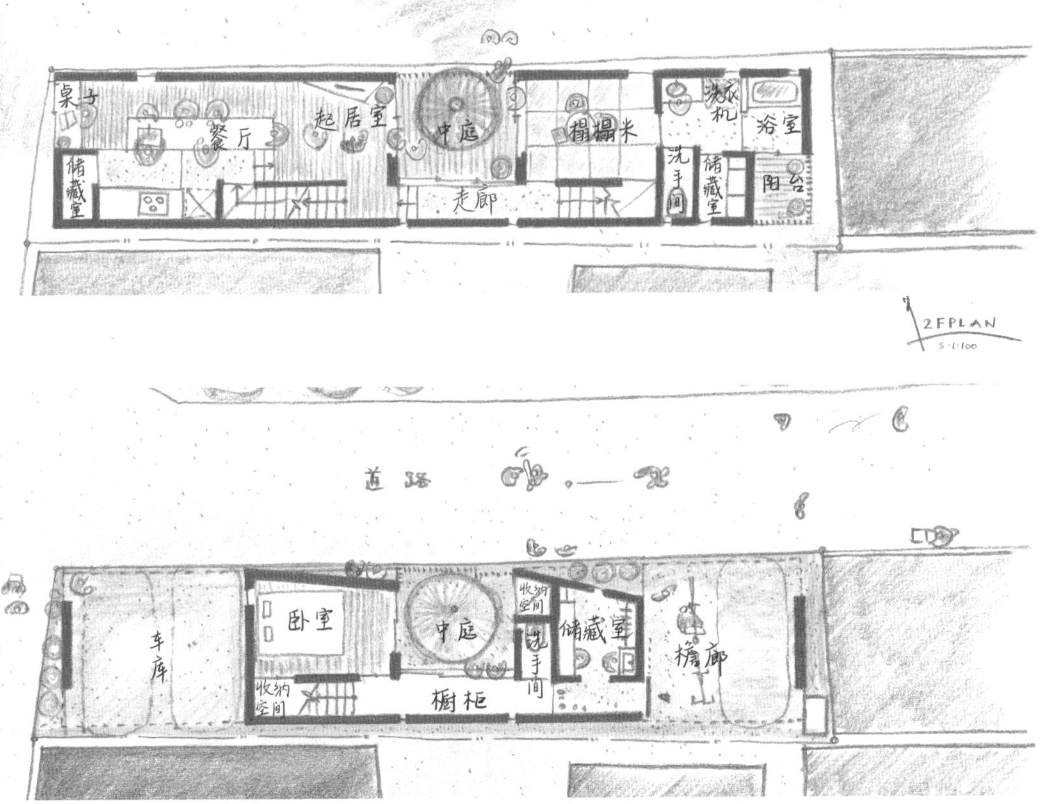

左页 / 二楼中庭和街道。把房子分为两个部分，那边和这边往返自如，便是这块宅地的居住方式。

上 / 全景。狭长形建筑物给人一种威严感，我的目标是营造出小小町屋相连接的感觉。

左上 / 不管多少人都能坐下的餐桌。
右上 / 面向中庭的和室是多功能空间。
右下 / 初次来到东京事务所拜访的曾根一家，最小的孩子还在妈妈肚子里。

75 城市中的隐匿之家

我常常会想，若秉持不买车的生活方式，也许最奢侈的就是旗杆式宅地。为什么呢，因为拥有家的同时，还能到手一条“路”。

旗杆式宅地，大多离道路有 10 米以上的距离，房子藏在里面。多数情况下，别说三面了，四面都被其他房子所包围，光看到宅地的时候，很多家庭都会表示担心。而当你试着换个角度去看，就会发现，没有比这更奢侈的宅地了，能白白到手一条“路”。

因为跟街道只有两三米相接，从外面路过却完全没注意到这栋房子的事常有发生。这不就是城市中的隐匿之家吗？道路部分可以种上许多植物，若再将小路弯曲一下，还能增加家的隐蔽感。

最近很多孩子都在路上玩，喧闹世界里，只有这是属于我们的“路”。

让孩子们能够自由玩耍，奢侈的“路”。

左 / 故意做成弯弯曲曲前行的门廊道路，加强了纵深感。草木茂密生长，连玄关都看不见了。（高时先生的家）

左上 / 就像通往隐匿之家的门廊道路，直到二楼玄关。

右上 / 长长的门廊没有尽头，仿佛一直延续。（hitotunagari 之家）

左下 / 一年四季都会结果实的门廊道路。（鸿巢先生的家）

76 同一屋檐下的三代人

这三家人初次来到我们事务所时，狭小的事务所立刻变得满满腾腾！

“我们三户人家，想住在同一屋檐下。”这话让人忍不住怀想起未来。

虽说如此，宅地只有 100 平方米。大家的愿景和宅地面积并不相匹配，但这恰是其

面向道路一侧的外观。一楼是父母一家，二楼是姐姐一家，三楼是弟弟一家。地下则向外出租。立体感十足的街区氛围。

精彩之处。将大块的土地细分化，核心家庭住在小块土地上，这样的家庭形态早已过时了。从现在起，将会是几代人在细分化土地上共同居住的时代！而现实已抢先走在了时代的前面。

kusukame-kuno-kuno 之家，便是我按照该思路设计的现代版“同一屋檐下的三代人住宅”。因为都是一家人，共有的地方就共同分享，快快乐乐地住在一起。这种绝妙的居住方式，我不想将其称之为公寓。

根据那样的想法，我设计了立体的巷弄，让彼此感觉像生活在同一社区的近邻，并构筑出一个能尽享共同生活的空间。

我意识到，在“再度跟家人同住”所释放出能量和智慧面前，反倒是法律和社会制度落后了。

上 / 电车从眼前经过，这块宅地给人悠然自得的感觉。

下 / 一楼土间是属于大家的玄关，各家人都能在这儿歇一会儿。

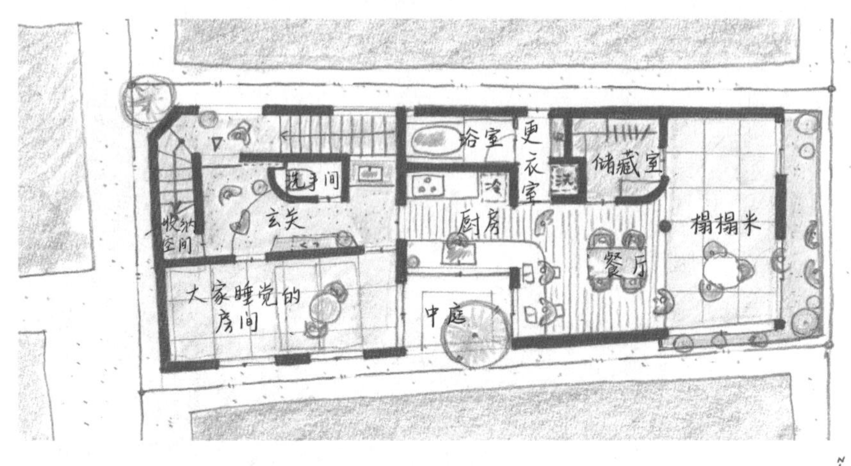

N
3FPLAN
久野先生的家

N
2FPLAN
楠色家

N
1FPLAN
久野家

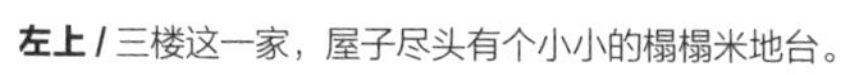

左上 / 三楼这一家，屋子尽头有个小小的榻榻米地台。
左中 / 从二楼这家的玄关回头看，能看到厨房。
左下 / 各家人在二楼集合，时不时地团聚，孙辈也有许多人。
右上 / 一楼的父母家，吃饭和睡觉位于同一空间的一室结构。
右下 / 各家若即若离，像街区一样的三代人住宅。

77 土地是属于地球的东西

坪井家的男主人来自广岛，女主人则是冈山出生。聊完关于房子的例行要求，同为乡下出身的两人说:“东京渐渐都不看到泥土地了，真是可惜啊！”

尽管如此，孩子们拔掉乳牙后，还是想将牙齿放在地板下面啊，西瓜自然要在外廊上吃……在聊这些话的时候，坪井先生突然来了一句:“我觉得啊，所谓土地，原本就是地球的东西嘛。”

啊，我整个白天闷闷不乐苦思冥想的东西，被这一句话彻底表现出来了。就是那样没错，土地是属于地球的东西。我想说的就是这个。

如果置之不理，城市的地面将会渐渐被混凝土覆盖，就连住宅用地、水能渗透的地面也越来越少。每当下暴雨时，你就会看到城市功能全部瘫痪，那是我们一直在给地球加盖子的缘故。

倒也不必讨论那么宏大的主题。只不过，“果然……孩子们还是喜欢土地原本的样子！”这个超个人化的希求，实在叫人感到郁闷。

因为土地本来就是属于地球的东西，所以才真真切切让人郁闷。

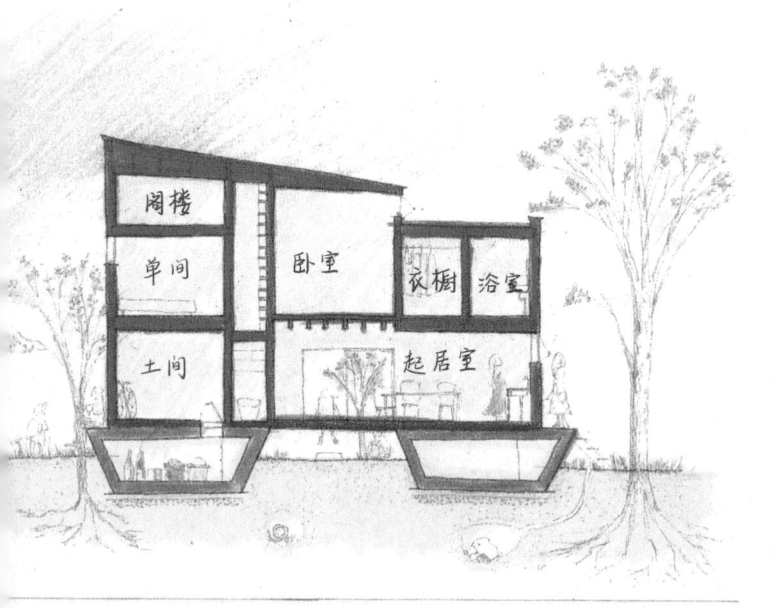

左页 / 外廊下，和地球的另一面相连。

上 / 外观。就算发洪水也能安心度过的高脚楼式住房。平时可以在地板下面玩乐。

下左 / 一楼起居室，将く字中间变细后的平面形状。（坪井先生的家）

下中 / 室内部分可以作为地下收纳空间使用。

下右 / 打地基之前。尽可能保留泥土地面。

78 1.2 米以下的世界留给孩子

我的工作是建筑设计，反过来说，也就是如何保留地面的工作。住独栋房子和住空中公寓的决定性差异，在于土地面积的获得。

好不容易花费高价去建造自己的房子，若土地全都被混凝土覆盖，实在太浪费了。对孩子们来说，地面是拥有无限可能性的游戏道具。自然，当住在上面的人生活变得更丰富，同时也会将这份幸福分享给路上经过的人。

“话虽这么说，但我们家太小了……”常有人这么说，其实不必担心。不管多小的一块地面，也完全没有关系。

1.2 米高度以下的世界，大人可能注意不到，却是留在孩子们视线中的风景。有泥土，有蚯蚓，有虫子，也有雨水浸入的场所。

应当留给孩子们的，正是这样的风景啊。

入手一块宅地，也就意味着到手一块带泥土的地面。我认为没有比这更有价值的了。老实说，为保留孩子们热衷于观察的风景，我便顺手设计了这样的建筑。

79 街角的家就是街道的风景

设计街角上的家，比预想中要更难。位于引人注目的场所，也就意味着容易暴露在他人眼前，同生活的不便紧密相连。

首先，家的必要条件是守护日常生活，成为对一家人来说感到安心的“容器”。怎么说呢，就是只穿一条内裤也能闲庭信步的地方，若内部生活的样子被外面经过的人看到，无论如何都没法平心静气下来。也就是说，比起普通土地，要花更多心思在街角的设计上，否则就会变成连窗都没办法打开的家了。

但同时，站在附近住户的角度来考虑，街角难道不应该有一半是属于街道的吗？可眺望处、醒目的地标、躲雨的地方，以及季节感。作为街角，它是提供这类功能的存在，即便一点点也值得感激。

然而这才是难点所在啊！我做梦都会梦到那样的家，身处其中能感受到街区的氛围，房子本身又自然地融入街道风景。

左页 / 人来人往的街角，用随季节变换的植物和水池，给过路行人带来乐趣。二楼是中庭型的设计。（神宫前的家）

左上 / 一楼像参天大树一样守护着生活，微微向外部区域展开的样子。（天川先生的家）

左中 / 沿着坡道式街角，用数量众多的植物将房子包裹住，遮掩日常生活，成为优秀的街角设计。（饭村先生的家）

左下 / 将房子分成几部分，玄关设在二楼，对街区不形成压迫感的街角设计。（山内先生的家）

右上 / 位于大马路上的街角，外墙壁进行斜线切分，远眺美观性高。（出口先生的家）

右中 / 外墙壁像用手遮住脸的样子向前延伸，一边感受着天空和草木，一边守护着日常生活。（中岛先生的家）

右下 / “独栋小屋”像守护主屋一样，守护着日常生活，同时也和街区相连接。（太田代先生的家）

80 短暂休息后又各自出发的家

“家就是一家人养精蓄锐、短暂休息，到了清晨又能各自向外界发起进攻的基地。”按照这句话的说法，我开始设计大山先生的家。

宅地在街角，一面是交通量很大的道路，另一面相比之下是慢节奏的住宅街。往远处的街道稍稍俯瞰一下，能看到那边神社的树林。一楼尽可能保留了视野的穿透性，休息日动手做一些小家具的途中，还能把木工用具放置在屋檐下。

待在家里的时候，不知不觉忘记了宅地的大小，而是觉得“哇，我们的街区”，这样的地方真是好啊！

藏身其中的大山一家也好，街上路过的孩子们也好，这栋房子对他们来说，一直都是参天大树般的存在。

左页 / 面向拐角地的部分是钢筋混凝土造。在人的视线高度，用巨大的花盆隔出家的区域。对面能够看到神社的树林。

左上 / 从外面战斗归来的人们，在房子与房子之间拾级而上，回到基地。

左下 / 餐厅和起居室有一定高差，但仍是相连的空间。厨房从两个方向都能出入。

右上 / 厨房是大山先生的领地。甚至连待客动线这方面，我们都进行了周密的协商。

右下 / 设计途中，商谈告一段落后，对方说“那差不多就吃起来吧”，于是端出好酒和拿手菜。这是为宴会而存在的家。

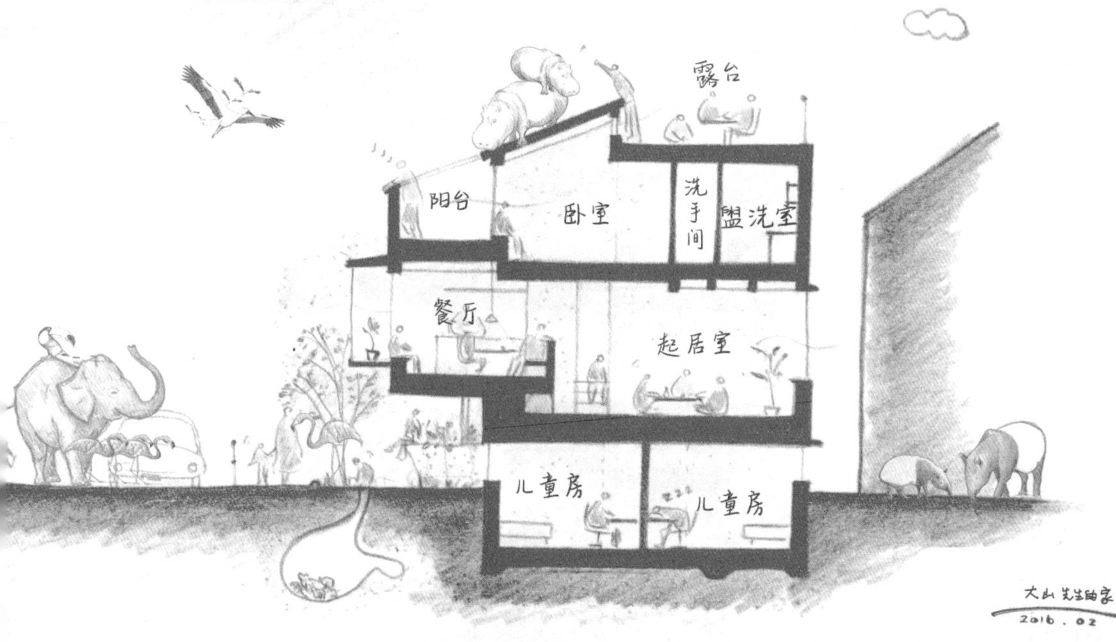

81 用曲面墙壁来守护生活

最初见面时，我收到了一幅充满想象力的画。那上面，与其说画着对房子的要求，倒不如说是生活中各个世界与家相连的意象和词语。哎呀，可是当我把这幅画放入脑海中，试着描绘种种方案时，却怎么也不尽如人意。

于是，我在家和街道之间，设计了两个巨大的曲面，内部是庭院和日常生活，用此

描绘出和街道的关系。曲面的墙壁上留出洞眼，就像那幅守护着日常生活的绘画一样，将街道切开。向上看时，还能从曲面中见到天空的切面。

尽管很偶然，抬头仰视能看到鸟儿振翅的样子，对于名字中带鸟类字眼的鹫巢先生来说，这个方案相当称心。

每日生活与生产紧紧相连的鹫巢先生家。很快就要跟宇宙相连了吧？

左页 / 容易暴露在他人视野下的街角。无须抗拒，用柔和的曲面墙壁来守护生活。

左上 / 小学生们上下学途中停下脚步，在房子前面磨磨蹭蹭的样子，从家里都能感觉到。（鹫巢先生的家）

右上 / 抬头仰视，天空被曲面墙壁切分成不可思议的形状。

右下 / 将来的儿童房，刷成深蓝色。

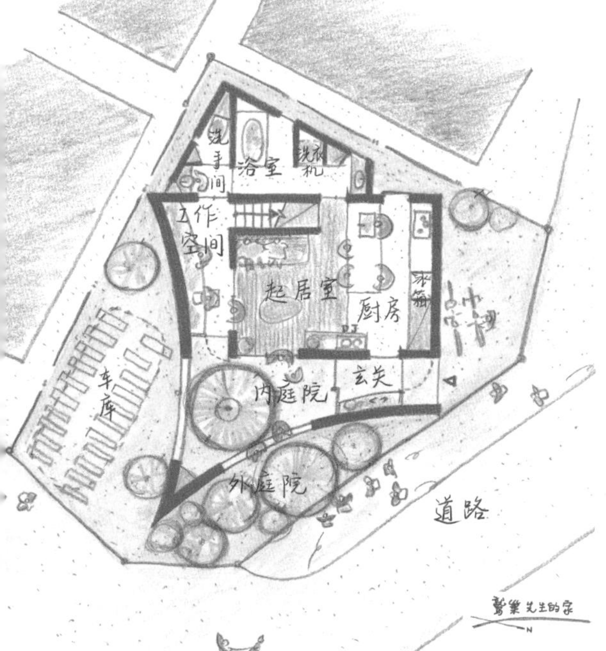

82 在家享受生活的精彩之处

上 / 起居室隔壁，有一个和起居室一样大的阳台。因为每天都会使用，我拜访的时候正在改良，真的很棒。

右页左上 / 天气好的时候在外面吃饭。

右页左中 / 一楼的榻榻米房间名为家庭房。只在这里摆有电视机。

右页左下 / 厨房是灰浆桌板。有很多收纳和操作空间。总而言之非常宽敞，视野也很好。

右页右上 / 起居室的天花板很高，这是高个子 Matthews 先生的要求。通过四面的高边窗，可尽情享受云朵、月亮、星空、雨水，甚至是台风。

右页右下 / 在大家聚集的地方有个大型瓦斯壁炉。对 Matthews 一家来说，和火一起度过的冬日生活，比什么都重要。

日本真是不可思议。

把树木全部都砍掉的不动产行业，不可思议。

将生活全部包在墙壁里的家，不可思议。

外面很脏，里面很干净，不可思议。

无法在家周围散步的东京住宅地，不可思议。

性能、制造商的基准，不可思议。

能够做到却不能做，不可思议。等等。

可是爱犬 Chai 天性自由自在。鞋子也不穿就朝庭院飞奔出去，又这样直接回到家里，也不会特意给它擦脚。

这里有这个家的全部。冬天很长一段时间内，都在等待一家人的神明。没有身形的东西，正是生活的轴心。那里还有接纳他人的宽容心。

Matthews 先生一家人，把日本丢掉的东西一样样拾回来给我看。每次去他家拜访的时候，我都能学会享受生活的精彩之处。

因为“Life is beautiful（生活是美好的）！”

左页上 / 家务房既是饮水的场所，也是洗衣服、家庭日程管理、孩子们做实验的房间。

左页下左 / 位于旗杆尽头的宅地。从二楼窗户可以看到家人去学校和公司的场景，为送行和迎接而生的窗户。

左页下中 / 夫妇两人的卧室。用生长在夫人故乡的白桦树干来做区隔，为冥想而设计的小地台。

左页下右 / 原本就长在宅地上的和式植栽。“请把树木留下。”购买土地时他们提出如此要求。

本页上 / “圣诞节不是只有一天，而是从 12 月到次年 1 月期间都能享受的事情。”花一个月时间，慢慢地装饰家中。圣诞树也是，第二年会换成更大的。

83 我们生活在巨大的泥团子上面

“地球，为什么是地球呢？”最近，儿子提出的问题都很狡猾。

“是哦……地球啊，因为汉字写作地球，首先球是圆形的，也就是圆球。地呢，唔……就是地面的地，通俗来说的就是土。总而言之，就是泥土的圆球吧。”

“泥土的圆球？”

“简单来说，就是超级超级大的泥团子。”

“唔……”

我一边回答，一边说，“唔……”还真没有从这个角度思考过，泥土的圆球……

反正，所有的一切，都要在这个大型泥土圆球上面完成。全都是在泥土圆球上完成的事。

84 住在开阔的风景中

竹安先生，你们一家都还好吗？从香川县远道而来我真是十分开心。虽说很远，但不可思议的却是毫不陌生的感觉。和亲戚或者朋友还不一样，怎么说呢，这种感觉。

全是农田的宅地，跟我出生长大的佐贺很像。

竹安先生的家，从这些禅问答般的要求开始。

“就像外国人按照自己的理解来居住的日本房屋一样”啦。

“虽然说是普通的房子，却忍不住想看第二遍”啦。

宅地位于赞岐平原的田园之中，这过于恬静的氛围，别说看第二遍，简直让人想目不转睛地盯着看。

首先面对的问题是守护日常生活。我的提案是大平层，将不需要大窗户的单间并排设计且留出空隙，一家人的起居空间被围在其中。通过空隙，能看到若隐若现的田园风光。

左页 / 为了呼应背后的山脉，竹安先生家采用三个相连的人字形屋顶。

上 / 起居室夹在两个屋顶之间，被守护的同时，也和田园风景相连接。

右 / 山脉和田园风景中间，三个连续的红屋顶低调伫立着。

尽管看起来像被严实地包裹着，实际上就算待在家里，也能安心地同街道风景共度美好生活。这样的邂逅，让从小陪伴自己长大的田园风景，看起来也略微有些不同。

为了不弄成威风凛凛的大型宅地模样，我将红色瓦片屋顶分成了三个部分。四季变换的田园风光呼应着赞岐的山，伴随着孩子们成长，将恒久不变地存在于此。

竹安的家，我太喜欢了。

空

左页上 / 既要在过于开阔的环境中保护隐私，同时也不能遮挡各个方向的视线。

左页下左 / 从蓝色和室窥视起居室。

左页下中 / 暗色系的室内装修，从天窗照进来的自然光令人印象深刻。

左页下右 / 各个房间分别涂成不同颜色。内部空间像街道一样，连儿童房也挂上了门牌。

第十章

让家藏在街道的风景中

假设，人类的婴儿作为独立的生物诞生在这世上。

然而实际上，当他降生的时候，面前有抱他的大人，有立刻可以吸奶的乳房，也有从一开始就存在的空气……有这些出生环境作为前提，他便以一种软绵绵的状态诞生于世。我想，从某种意义上来说，婴儿是相当不负责任、完全依赖他人的个体！

但仔细一想，除了实验室和教科书，纯粹的个体原本就不存在，世界上所有东西，都处于和周边环境无法切割的密切关系中。作为个体无法存在的孱弱状态，正是我们的开端。

“小型建筑”实际上也同样，作为个体能实现的事情非常有限，也就是说，它背负着和建造地环境不可分割的命运。不过，建筑上所说的“小”，跟人类相比也是压倒性的大，而且因为是“新的”，那就更麻烦了。

建筑跟婴儿一样，起初阶段软绵绵的很可爱，还有些惹人怜爱，但建筑物不管多小，对人类来说仍是巨大且坚硬的。因此，根据建造方式的不同，有时会给人压迫感，有时又仿佛对街区表达态度般伫立于此的存在。从它诞生的街区角度来看，新建筑无疑是新来的家伙，不管建筑物本身有多小，还是一副很了不起的样子。

和不同的家庭相遇，也和不同的街区邂逅。“要建造怎样的家呢？”同样，“是谁，要以什么方式住在这个街区呢？”对以上问题我很感兴趣。即，这一家人和这片土地结缘的故事。

要怎么做，这栋房子才会和这条街相配？

要怎么做，这家人的生活才能完全融入这条街的故事里？

我一个劲儿地考虑着这些，按照各家的标准去设计，不可思议的事情出现了，那一家人的生活氛围展露在“家和街道中间”，他们的日常也进入街区的日常。

如果能变成热闹的街区多好啊！路边有孩子们在玩耍的街区真好啊！围墙上有野猫在安心午睡真好啊！飘着美味香气的街区真好啊！

我一直在脑海中勾勒那样的街区形象，然而它的缘起，正是一户一户的人家。不可能一次性建好整个街区，取而代之的是，每一家人新的故事慢慢渗入街区，渗透到家和街区之间。

“是谁，要以怎样的方式住在这个地方？”串联起一个又一个故事，打造属于未来的街区。

可以的话，我希望自己像从前就生活在这片土地上那样，深深潜匿在街道风景之中，宛如父母亲在开学仪式那天目送孩子出发的心情。在家和街道中间，被大家深爱着。

85 这条街就是我们家

从家出发只需走一两分钟，就是一年到头如祭典般热闹的商店街了。

相反，66 平方米的家位于挤得满满腾腾的街道一角，还要容纳一家四口的生活，总感觉有些不够。

“但是呢，西久保先生，从商店街拐过来的瞬间就是自己家，不是吗？而且幸运的是这条路很狭窄，几乎没有汽车通过。说起来，这条路不就像自家庭院一般的存在吗？也可以安心地让孩子们在路边玩耍。这么棒的房子可太少见了！”山崎先生说。

天气晴朗的日子，孩子们坐在面朝小巷的外廊上，拿出玩具，在家里和外面来回穿梭，把家周边当作“我们家的街道”一样，到处奔跑。跟附近的邻居们也都认识了。孩子们啊，就是用孩子的方式去丈量同街道和大人间的距离，再一点点向外扩大自己的生活圈，我十分清楚这一点。

我几乎要脱口而出，“对啊，这条街就是你们家！”

孩子们在前面道路上玩耍的山崎一家。因为没有车通过，就算从外廊飞奔出去也没关系。

上 / 从面向道路的和室往外看。和室沿道路一侧有外廊，既能感觉到马路上往来通行的样子，也是悠闲度日的绝佳场所。

下 / 试着像孩子那般去感受，仿佛家和街道的边界在一点点消融。商店街也是他们的家。孩子们眼中最初的风景，肯定是没有边界的吧。

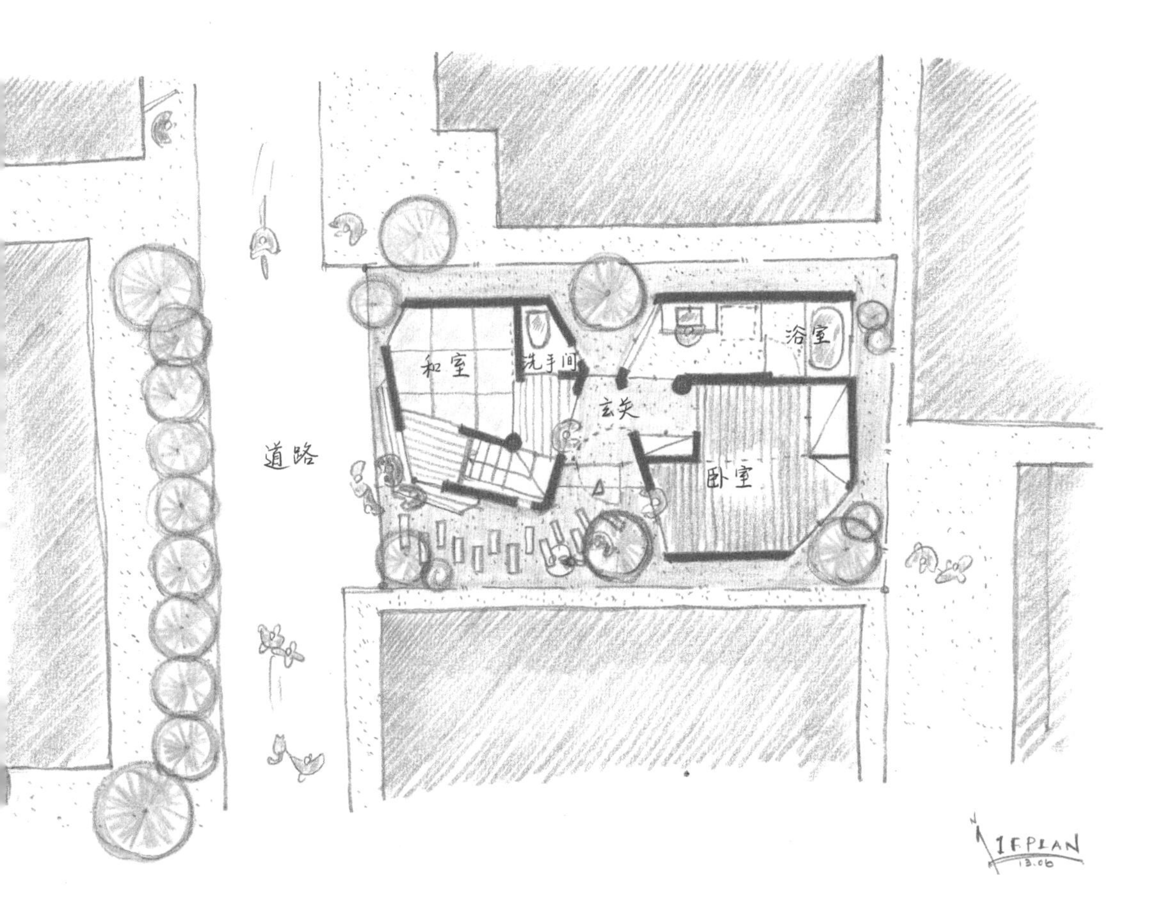
和室
洗手间
浴室
玄关
卧室
道路
IFPLAN
13.06

86 大树空隙间的住所

“我们一眼就相中了这个地方。虽然房子有点儿小，但避开树木后，这条道路就是门廊。楼梯的部分就是玄关，一看到房子就有‘我回来了’的感觉。我想，有这样一个家应该会很幸福，倚靠街区里各种各样的东西，仿佛借来的生活一样。当然，光是借可不行，家的存在，也要能给街区中其他人带去喜悦，那是最棒的啊！”

周围到处是参天大树，就好像“先长在这里的树木更了不起”一样，避开这些树木之后才形成了街区。另一方面，和街区相比，这个房子真是极其之小。因为实在太小了，于是我放弃考虑内部，试着想象遥远的从前，当这片街区还是森林时的样子。

避开眼里看不见的参天大树，将面向道路拐角的两个平面设计成巨大曲面墙壁，朝街道方向突出。建成后的房子面积，因此会变得更小，但却诞生了一个位干大树空隙之间的居住场所。

那个瞬间，边界线消失了。

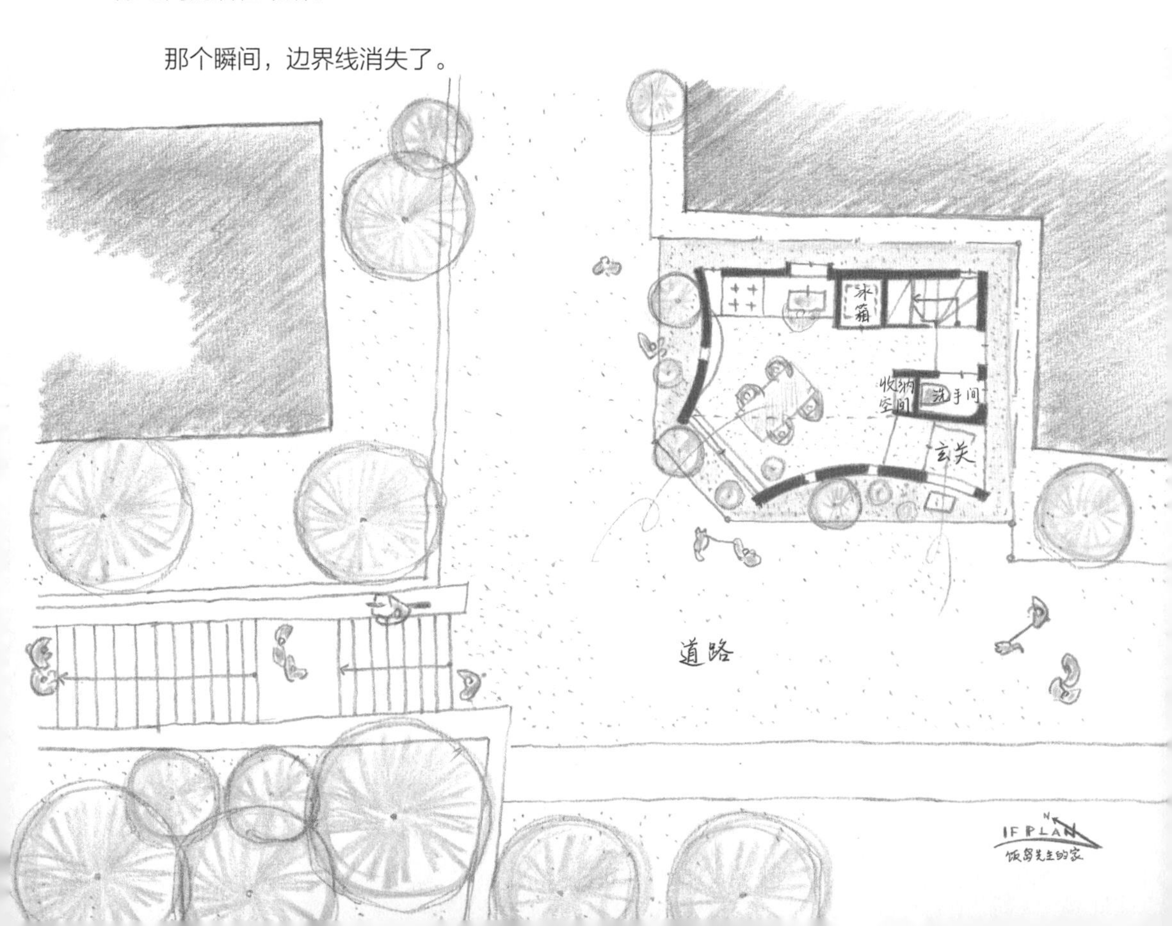

左页 / 一楼平面图。从车站过来的必经之路，人流很多。饭岛夫妇的心愿是，希望他们家成为一个地标，给社区其他人一种“我回来了”的感觉。

左上 / 一楼只有餐厅。热衷于料理的屋主人甚至还安装了专业厨房机器。空间虽然有些狭窄，却令人仿佛置身于森林之中。

左下 / 二楼的书房兼卧室。其中一部分地板铺设了竹帘，光线能够洒落到楼下。

右上 / 沿曲面外墙保留了一些泥土，为街道提供许多绿色植物。

右下 / 尽管很小却能欣赏四季花草树木的庭院，同时也成为讨人喜爱的门廊。

87 在家里开个小店

“虽然是建造自己的家，但也想为街坊邻居做贡献。”和尾崎先生初次见面的时候，他这样对我说。

“自从住到这片街区开始，我们在养育孩子的过程中受到许多照顾。能够安心抚养小孩也是托了大家的福。所以趁这次重建的机会，希望把受到的恩惠报答给近邻们，想造一个这样的房子。”

“贡献”一词充满了爱意。为了实现这个想法，我在玄关旁边设计了一个能够开小店的空间。从本来就很小的面积中挤出一块，仅仅 6.6 平方米的空间。完成之后，屋主人就心血来潮似的开了家名为“STOROLL（散步）”的杂货店。

孩子们安心在马路边玩耍。只是很小的试想，结果街区发生了戏剧性的变化。

为了让街区重现上述美好情景，我真心希望有这样的政策，“开一家面向住宅区并守护着孩子们的店，就能申请到补助金。”

即使是东京的住宅用地，只要有心，也能创造出一个如此美妙的世界。这是尾崎先生教会我的。

尾崎先生的家

STROLL
STROLL
STROLL

尾崎先生的家

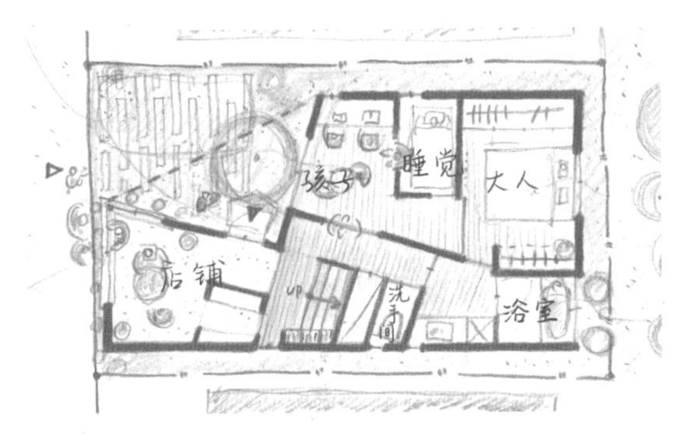

IFPLAN

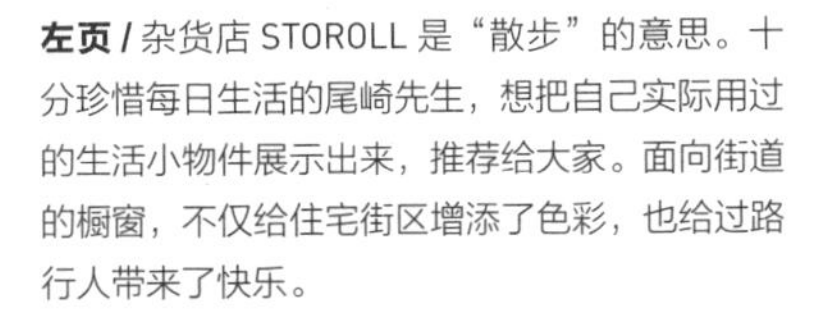

左页 / 杂货店 STOROLL 是“散步”的意思。十分珍惜每日生活的尾崎先生，想把自己实际用过的生活小物件展示出来，推荐给大家。面向街道的橱窗，不仅给住宅街区增添了色彩，也给过路行人带来了快乐。

右 / 楼梯很宽，能够轻轻松松地邀请熟客和朋友到二楼做客。此外，二楼和一楼连接处使用地板材质，营造出和上层的自然关联。

88 街道的风穴和长草的路

“好不容易住进独栋房子，要融入这片地区才好。可以的话，想要一个充满乐趣的家，就好像不管怎么拔草都依然杂草丛生的地面。”这番话令我印象深刻。

这块 50 平方米的拐角宅地有些不可思议，最里面也和道路相接，属于三面临街的四方形宅地。环绕着房子并通往后巷的檐廊，我将其作为家的玄关，刚好也是街区和生活之间的联结，同时成为孩子们的游乐场。对街区来说，这还是通往另一边新的近道。

来到这条小巷，孩子们似乎可以穿过它去往任何地方。用一个小小的家，制造出街区的风穴。原本是为自己考虑而做的规划，但同时也丰富了街道和孩子们的风景。

我认为这个顺序比什么都重要。一般情况下，大多数人对木结构建筑的密集地持否定态度，应对灾害的能力比较弱，更没办法一下子变强。

然而，从这个家的设计当中衍生出来的近道，一定能让该街区变得更强大一些，伴随着孩子们的欢笑声。

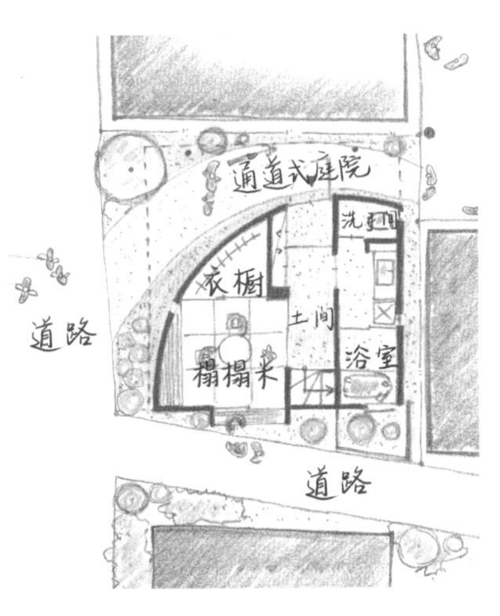

左页 / 从街道到玄关的这一段通路，穿过去就能直接到达后巷。

右 / 竣工时的三口之家，现在变成五个人了。孩子们不满足于待在家里，从早上开始就飞奔到庭院游玩。屋主人说：“五个人尽管吵吵嚷嚷，但还是喜欢一家人这样的感觉啊。”

89 为街区带来幸福的家

“在土地如此狭小又密集的东京，若能拥有一个惬意的底层起居室，难道不是最大的奢侈吗？”这话来自和我同乡的坂田先生，按照他的说法我开始了设计。

“如果发生地震，就逃到坂田先生的钢筋混凝土房子里去！”坂田先生家建好后的第二年，东日本大地震发生了。

东京在一段时间里处于余震不断的状态，附近邻居好像也都将这件事告诉了孩子们。

正所谓，能够直面无穷的个人欲望和人之本性，同时也会为外界的人们带来幸福。

左页 / 在起居室里，越过中庭看阶梯式露台。感受不到周围视线，却和街区紧密相连的一楼生活。

上 / 道路侧的钢筋混凝土平房部分，守护着坂田家的生活同时，上面部分也是连接日常生活与街道的阶梯式露台。

中 / 从厨房看中庭和起居室。（坂田先生的家）

把街道收入囊中的孩子们

90 把家融入商店街之中

喜欢废墟的小田原先生，喝醉后就开始喋喋不休。

“将来啊，儿子也在这里的小酒馆开始喝酒就好咯。”

“本来嘛，在商店街上建公寓什么的，真是让人生气……”

“要是我们不住在里面了，作为餐厅开张也不错啊。”

“和商店街的孩子们在里面搞庆祝活动也不错。”

“等到孩子们独立了，把一楼租出去也挺好的。”

虽说是建造接下来要住的房子，小田原先生却一个劲儿地说将来的事。有时候，甚至是自己过世之后的未来。紧接着，就聊到了“即使变为废墟都能留下来的家会很不错”。不可思议的是，我认为“住在商店街”和“有魅力的废墟”两者并不矛盾。

所谓“街道的檐廊”，用一句话概括就是家和街道之间无用的空间。对商店街和街区的孩子们来说，房子建完，意味着多出一块似乎会发生点儿什么的纵深空间，随之产生胡思乱想。

与此同时，每天都能感觉到自己“的确住在商店街里面”，日常生活被妥善保护着。

尽管是强烈的存在，但是无用、所属不明，这种存在感虽然冷冰冰，但是气度不凡。

对废墟爱好者小田原先生来说，没有比这更合适的了。

上 / 从二楼阳台往下看商店街。无用的空间，成为街道和生活之间恰到好处的缓冲地带。

下左 / 面朝商店街的外观。商店街上植物很少，只有这里有成片的绿色。

下右 / 从一楼工作室眺望街道。敞开的街边檐廊和工作室，以及面包屋举办活动时的样子。

右页上左 / 通过外楼梯上二楼，直接就能进入起居室。照片是举办活动时的情形。(小田原先生的家)

右页上右 / 从被深蓝色包围的起居室远眺街道。

儿童房
浴室
起居室
餐厅
街道的
檐廊
店铺
工作室
玄关
卧室
小田原先生的家
2017. 04

91 是人们在经营着街区的风景

面朝竹林公园的岛冈先生家。“将来想开家面包店之类”，根据他的要求，我在靠道路侧留出一个小小的空间。

刚好完工后一年，小小的街区面包店就开张了。开业当日，整条街都飘着面包的香味。从马路上就能看到店主在揉面团的情形。动手干活的样子和面包的香味，构成了生机勃勃的街道风景。

每当看到这样的情形，我心里就会想，虽然都认为只要建筑物就能构筑风景，但终究还是敌不过人啊！小小的街区里，由小店老板亲手做的小面包，被送到小小一个家的餐桌上，如此这般鲜活的风景。像这样由人在经营的风景，蔓延到整个街区该多好！

如果说建筑工作的本质是创造经营的“背景”，那么，我还真为自己的职业感到有些骄傲。

就像风中轻轻摇曳、默默守护生活的竹林一样，正是这“背景”，生动地映照出人的想法和热情，然后给予希望。

左页 / 从前面道路看到的建筑物外观。呈半圆形突出的小屋正是面包店。

上 / 店主岛冈先生在法国长大。“刚出炉的朴素面包，就是日常生活中极其平常的存在，想将它们带到日本。”竣工一年后面包店开张。

下左 / 因为是街区面包店，最应该重视和当地客人之间的谈话。

下右 / 从后面公园看过去的建筑物外观。

左上 / 和房子建好后出生的长男一起，向外眺望的岛冈一家。

右上 / 起居室在中庭和后院之间，打开窗户后，几乎就成了户外一般的房间。

右下 / 起居室往上半层，连接着餐厅和厨房。因为是围绕中庭而建的方案，无论在家中哪个角落都能看到绿色。

右页上 / 面朝通风口的走廊尽头，能看到被曲面墙包围的蓝色儿童房。仅仅是一条走廊而已，装上桌子和隔板后，就变成了出色的生活场所。

右页下 / 起居室的天花板高达 4.5 米。大开口被高耸挺拔的竹林所遮盖。

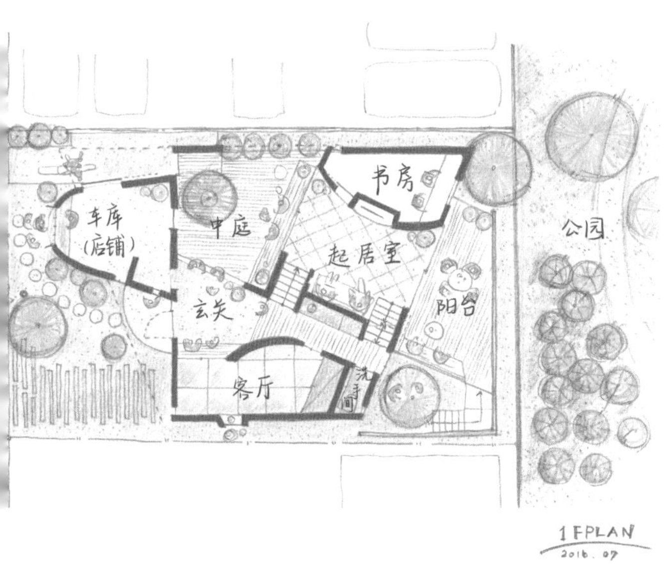

书房
车库
(店铺)
中庭
公园
起居室
阳台
玄关
客厅
洗手间
1FPLAN
2016.07

92 流浪猫会来的家

“院子里会有流浪猫来就好了。”

那天，来了一位要求非常古怪的委托人。他们当时正住在公寓里，所以造房子的最大动机是拥有一个那样的庭院。

我也是头一次接到这种委托。“怎样的房子，能吸引流浪猫前来呢？”于是每当在街上遇到流浪猫的时候，我就开始观察。

比较起来，相对于新房子，猫更喜欢老房子；相比豪宅，更喜欢小小的房子；比起宽敞开放的房子，更喜欢有躲藏死角的；相比明亮的房子，更喜欢有阴影的；比起架势十足的房子，更喜欢融入环境的。还有能够躲雨的房子和有小路的房子。

粗略地概括，因为流浪猫警戒心很强，越是暧昧不清的地带，越让它们觉得可以安心度日。

与此同时，我也注意到一件奇怪的事情，“实际上……这不就是我在这本书里罗列的内容吗？”我用那么多篇幅去记述的东西，不过就是流浪猫会来的家的建造方法！

为了建造人类的住所，我花尽一切心思去设计，到头来却是流浪猫会来的家。我终于明白了，原来“流浪猫”才是委托人啊。被摆了一道……

《流浪猫会来的家》

- 街上的猫不仅仅横穿过房子，还会在院子里停留、聚集，从屋子里能看到这些情景。
- 小小的家、朴素的家、四方形的家
  概括来说，就是大家都想在里面喝酒！

晒被子

室内阳台

浴室 睡觉 睡觉

起居室 玄关 厨房

麻将房 储藏

庭院里的猫咪

工作室未定

隔断来自邻近的视线

但过分包围住的话，猫咪很难进来，中庭还是算了

外廊下面空着也行

无论从平面还是剖面上来看，考虑到和街区的关联，稍微高出地面一点的平台更合适

☆工作室放在哪里比较好呢……明确的一点是，最好能看到街道风景的房间。

☆将来，开一间音乐教室的可能性也不是为零。

工作室

独栋小屋

麻将大会
榻榻米

庭院

饮酒会
4～15人

备餐间

玄关

衣帽间

四面八方的猫咪都会来

《旅感》 里面外面里面外面……
室内阳台 起居室

《仿佛都跟哪里相连似的
这种感觉很相称
几乎没费什么力气的家的感觉》

四处散落的感觉、小小的规模、
屋顶延绵不断

2017/4/7 1/2

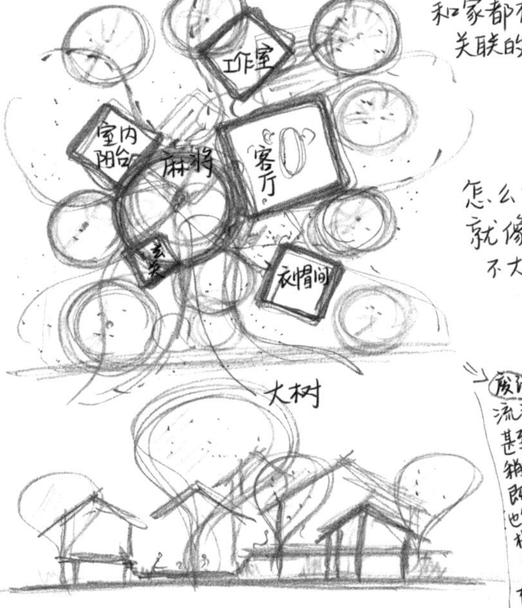

街道和树木和家都有相互关联的感觉

角田小姐的家建成了
真好啊，这样的感觉
也可以说是

空气感

⇓

怎么说呢，
就像大小差异不大的村庄一样

比如，一开始先种上许多树，这样的方法或许可行。
说是庭院，
先从建造杂树丛开始吧。

废话
流浪猫
甚至流浪汉
稍微扩张一下，
既可以对外租赁，
也能作为旅人的下榻处，这样的住宅也不是不可行吧？
⇓
真的有点像村落了

2017/4/7 2/2

后记　正确答案永远在路边

那是 28 岁时的事情，在只有少许实战经验、连一栋房子都没设计过的情况下，我就自立门户了。正好在那个时候，我的两个孩子刚刚出生。“成为建筑师”和“成为父亲”这两件事情齐头并进，每一刻都没有停息。经历了一阵兵荒马乱的混乱状况，才有了现在的我，有了 NIKO 设计工作室。

我出生成长在日本九州佐贺县，一个在佐贺县都算非常乡下的地方。直到独立之后有了孩子，才渐渐意识到，城市里划着各种各样的边界线，包括被细细区分的道路边界线和宅地边界线。和孩子们一起走在街上时，我发现如果只能在小小的宅地界线中做设计，实在是感觉不畅快，但也无可奈何。在我的孩童时代，可以斜穿过农田，去往喜欢的田间小路和河边，无拘无束地横穿马路、尽情玩乐。为何相同的体验在城市里无法实现呢？为何只要踏进宅地一步就会被骂呢？尽管是城市，地面也是绵延不断的。渐渐地，我脑海里充满了“为什么”的疑问。

然而，意外有很多跟我抱着同样想法和感触的人。和那些可被称作同道中人的家庭相遇，迄今为止，我们一起创造出许多美好的世界。这是仅凭我一己之力无法实现的事。世界远比想象的要宽广得多，令人无法舍弃，这也是我在社会中学到的。那些充满出格想法的家家户户，或者说，想法天马行空的家家户户。

本书的日方编辑松井晴子小姐，一直关注着我们和这些家庭的“阴谋诡计”。“晴子”这个名字，虽然跟漫画《灌篮高手》中的女主人公一样，却完全不是惹人怜爱的女孩子形象。她出版过许多书，有时也亲自执笔，是一名多才多艺、固执老练的编辑。这本书的诞生，因为我这名性格乖僻的“初产妇”，难产到了极点。

“你头脑中的词句和经验，其实是迄今为止委托人寄存在你那里的东西。要是放在你脑海里置之不理，这些宝贝就白白糟蹋了。那就全部拿出来，传给后来者吧！”直到写完全部书稿的今天，我才终于理解了这段话的意思。

松井小姐，真的非常感激。所以拜托，别因为吃了苦头不想干，请继续做我第二个、第三个“孩子”的见证人吧！下一次肯定会顺利生产的（笑）。

作家角田光代小姐也给我提供了传家宝般的文章。过年时家里玄关还铺着蓝色薄布什么的，到底是什么事嘛（笑）。短小精悍的文章里，我的一切都被和盘托出了。

最后，致委托我设计房子的每一家人。和你们大家相遇，收获的所有经验、词句以及你们的笑脸，都是我铭刻在心的宝贝。真的非常感谢。

最后的最后，致我家的三头小猪仔。自从和你们相遇后，我才变成了大人，同时也还能葆有童心。首先相信直觉，如果迷失的话，正确答案永远在路边。

西久保毅人

本书协助者（只跟本书出版相关）

NIKO 设计工作室

现员工 / 榊法明　菊地佑　细田孝幸　吉本脩佑　Marion Conradi　牛岛史织　原由美子

前员工 / 大塚航太　藤本卓也　小林由纪子　筱原奈央佳　牛山结衣

古贺奈津江　远藤政信　渡边英

协助 / 小田桐翔　藤山卓

构造设计

筬岛规行（筬岛建筑构造设计事务所）　名和研二 · 下田仁美　铃木启（ASA）

桑子亮（桑子建筑设计事务所）　皆川宗浩　森永信行

建筑公司

小松建设　新建筑工房　山县建设　藤孝建设　宫岛工务店　匠阳　pac-system　下川工务店

仲野工务店　大出产业　镰形建设　乙黑　内田产业　青　senko 产业　大原工务所

山口工务店　住僖　THmorioka　住 ma 居 ru　村上建筑工房　大和田工务店

小川建设　石和建设

其他

深泽义一 · 小原步　久住有生　hatano wataru　波多野裕子　NENGO　本田匠　小野美智子

高桥园　Prom　村角千亚希　生活古董骆驼　阪本制作所　新洋电气　古福庵　The House

Boo-Hoo-Woo　STROOL JEWEL　L'ile aux pains　安达洋子　MEISTER WAKO

Studio Jam　砂森山野草商店　TPO　ASJ　歌津亮悟

慢得刚刚好的生活与阅读

ease